蘇怡寧醫師愛碎念 2

破除孕產迷信 打擊偽科學

CHAPTER 2
孕婦這不能吃那不能吃系列

CHAPTER 3
懷孕迷信，惡靈退散

CHAPTER 4
民俗療法與科學醫療

CHAPTER 5
孕產情緒勒索大全

CHAPTER 6
關於孕產，我想說的是……

 自序

謠言止於智者，網路謠言請退散。

我相信大家都有聽過這件事情，如果你在網路上搜尋疾病，查到最嚴重的結果都是會死。

好，我要說的是，如果這麼簡單就可以鍵盤治病的話，那專業醫師還有混口飯的空間嗎？

好啦，也許你在尋求看病的過程當中先網路搜尋一下，確實可以讓自己稍微理解狀況，然後也知道在就診的過程當中，需要或可以跟醫師溝通些什麼。但如果自己先加入過多的不專業臆測或詮釋然後自己嚇自己，那你根本就是自己跟自己過不去好嗎？

舉個最簡單的例子，像我們做產前診斷，很多媽咪會寫訊息來問我說：「蘇醫師蘇醫師，好可怕喔，我的醫師跟我說我的寶寶腦室比較寬，我查了一下網路資訊看起來好恐怖喔，我的寶寶會水腦耶，怎麼辦？」

當然有可能啊，但機會沒有這麼高好嗎！

再來，也有媽咪寫信跟我說：「蘇醫師蘇醫師，我看到網路有文章說 38 週的胎兒，也有可能會胎死腹中，這是真的嗎？這樣我該怎麼辦？」

科學上當然是有可能啊，但如果因為這樣，你就要每天自己嚇自己，那這是何必咧？

剛剛說過了，這就是很典型的自己嚇自己，當然最壞的情況一定是這樣，你如果網路搜尋感冒最嚴重的情況就是會死啊！但難道每個人感冒都會死嗎？

這樣你懂我的意思了嗎？

如果這麼簡單，那我們專業醫師都打包退休去好了。

好的，前面講的就是關於醫療的不確定性，如果你要因為網路上查到的這些醫療不確定性而搞到吃不下、睡不著，那我真的只能祝福你。

不過，最恐怖的還不是在網路上查詢醫療資訊，如果你查到是正確的，只是不知道如何判讀，那還算好的，最討人厭的就是那些網路農場文章，我認為撰寫這類文章的人，根本就應該下地獄。自己嚇自己還只是沒必要，但沒事要去嚇別人，這就很可恥了。

那為什麼有人要寫這些阿薩不路的東西？

因為有人要看啊！有流量、有錢賺，自然就會有人寫，所以當你越是喜歡在網路上亂看這些亂七八糟的東西時，就等於變相鼓勵這些人繼續亂寫。

人生好難是吧？謠言止於智者，讓我們一起來破除網路謠言吧。

CHAPTER 1
講得很專業　其實在惡搞

人體實驗好棒棒，腹腔懷孕超級神

記得當天一早起床就有很多人寫訊息來問我關於「囡腰變性3年懷孕，其男友承認：做人體試驗」的新聞。雖然我真的不知道到底發生什麼事，但基於醫學常識，就一句話：「我祝福你但不要鬼扯，謝謝。」

關於子宮移植或腹腔懷孕的議題，我們不需要幫這些莫名其妙想紅的人蹭熱度，但趁機會科普一下還是蠻不錯的機會教育，並且針對這個事件裡面，確實有很多有趣的事情可以討論。

我們從最簡單的開始，先聊聊為什麼正常懷孕必須要在子宮內？再來討論如果懷孕不在子宮內，也就是我們說的「子宮外孕」會怎麼樣？最後再講述關於子宮移植的問題。

首先，為什麼正常懷孕必須要在子宮內？先解釋「植入性胎盤」這個名詞，其症狀主要是在生產時，胎兒分娩之後胎盤無法成功從子宮剝離出來，這會造成大量出血，是種非常危急的狀況。那我們反過來想想，為什麼正常懷孕的時候不會有這種情況呢？這是因為在正常的情況之下，胎盤跟子宮的交界處中間會有一層蛻膜組織當作緩衝，一旦蛻膜組織出現異常，譬如變薄了，甚至消失了，將導致胎盤直接附著到子宮肌肉層裡面，那就會變成所謂的植入性胎盤，其後果非死即傷，故子宮內的蛻膜組織很重要，同時也是子宮內獨有的構造，而這就是為什麼正常懷孕要在子宮內，沒辦法讓你老公代替你懷孕的原因。

而子宮另外一個重要的特點，就是它是個非常有彈性、任勞任怨的組織，可以隨著胎兒長大而變大，雖然膀胱、大腸也都很有彈性，但是他們沒有最重要的「蛻膜組織」呀！

說明完子宮對於懷孕的重要性後，各位女性同胞有沒有覺得很驕傲？至於胚胎沒有著床在子宮，也就是我們所說的子宮外孕又會怎麼樣呢？

最常見的子宮外孕，大多落在輸卵管這個位置，平均約有 1~2% 的孕婦會發生這個問題，而其他型態的子宮外孕則非常罕見，機率大約是在萬分之一，甚至是更低。當然有非常少數的會跑到腹腔的任何一個器官表面去著床，譬如說肝臟、腹膜等，但基本上，這就跟日本製的壓縮機一樣稀少。

專業醫師只要發現你懷孕了，但沒有看到胚胎在正常的子宮裡面，就會懷疑子宮外孕的可能。最常見的輸卵管懷孕撐不了太久，畢竟它不是像子宮這樣有彈性的環境跟組織，先不必提有沒有蛻膜組織，光是胚胎在變大的過程當中就可以讓輸卵管撐爆，所以基本上不會有正

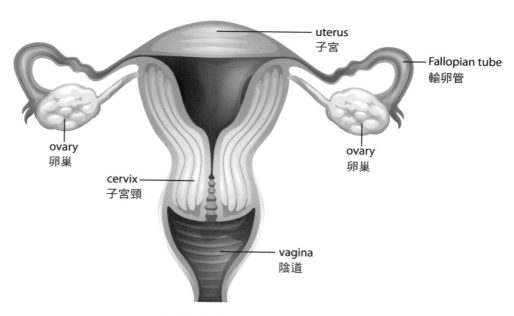

女性生殖系統

常足月生產的機率，若放著不處理，大概在懷孕七到八週時會造成大出血，必須緊急開刀。總之，發生問題只是時間上的早晚，千萬不要有莫名的幻想，去求神拜拜硬拗，然後看他會不會再跑回正常的子宮。

簡單說就是越早發現越安全，趕快處理、安全下莊最重要。至於跑到其他更罕見地方的子宮外孕，譬如在腹膜或是在肝臟著床的胚胎，我們統稱叫做「腹腔懷孕」，由於腹腔的血管比較豐富，胚胎確實有機會可以長到比較大，雖然也有活產的案例，但這也是跟日本製的壓縮機一樣非常稀少，而且應該是要更稀少很多很多很多。因此在現今的醫療科技中，天然的腹腔懷孕就很少了而且非常危險，這些案例都會上國際新聞，你覺得會有醫師哪根筋不對，故意把胚胎放到腹腔造成腹腔懷孕，然後再想辦法擦屁股收拾殘局嗎？

另外一種相當危急的狀況，稱為「胎盤早期剝離」，是胎盤在胎兒分娩之前就提前從子宮剝離開來，他的發生率為千分之三，這個數字看起來不高，但對遇到的媽咪來說就是100%，且這是一種緊急狀況，很難預防。

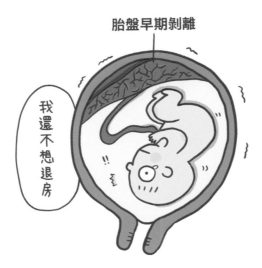

找到子宮替代品孕育生命了？！

　　談完腹腔懷孕，來聊聊子宮移植吧。再說一次，我個人對現在網路上的這些群魔亂舞沒啥興趣，我比較訝異的反而是許多人對於醫療知識真假的認知和鑑別度，所以我還是願意跟大家討論一下，關於「網紅腹腔懷孕事件」背後的醫學課題，科普才是我所在意的。而既然刻意製造腹腔懷孕是一個不符合醫學倫理的假議題，那麼我來跟大家聊聊另外一種可能──「子宮移植」。

　　我相信器官移植大家都聽過很多了就不再贅述，在醫療科技不斷進展之下，越來越多不同種類的器官移植已經不再是夢想，包括骨髓、腎臟、肝臟、心臟、肺臟移植，大家都應該聽過，也都是現實。說實話，在技術層面上，子宮移植並非不可能或無法實現之事，事實上在過去十幾年間，確實在好幾個國家都有成功案例，雖然不多，全世界查得到的案例大概不超過五十例。

　　所以我想重點不在於技術，而在於「為何而戰？」大家都知道開發一個新疫苗需要好幾年的時間，那為什麼 COVID-19 疫苗可以在短短不到一年的時間就快速被研發出來？因為大家迫切需要。

　　那我們再來思考「為什麼需要子宮移植？」不是為了救命，也不是為了健康，只是為了完成生育的任務或是為了有月經嗎？我並不是認為生兒育女不重要，而是在醫學上，永遠必須考慮到所要達到的目的其必要性與替代方案，以及可能付出的代價，包括手術風險、倫理問題、所需費用等考量。當你在思考這些事情的時候，就叫做「醫療決策」。

舉個最簡單的例子，很多人喜歡問：「我 35 歲，一定要做羊膜穿刺嗎？」、「寶寶胎位不正，我一定要剖腹產嗎？」、「寶寶被診斷是唐氏症，我一定要放棄他嗎？」在醫療上，沒有「一定要」這件事情，只有屬於你自己的最佳決策，所以我常常喜歡跟各位同學說：「醫療沒有百分之百，經常必須在利弊得失之間取得一個平衡點，沒有標準答案。」

　　因此，在所有的器官移植手術發展上，子宮移植這件事情進展腳步就會非常緩慢，畢竟他的問題並不是在手術技術這件事情上面，而是在目的性不足，如果你在乎的是要一個寶寶，你是有其他的替代方案的，譬如代理孕母或者是領養等，更不用說這類移植手術本身風險就相當高，而且成功率也不是這麼完美。

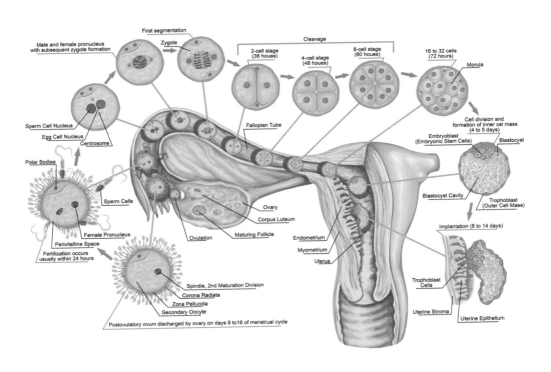

我們要想想一個狀況：為了生一個寶寶，費盡千辛萬苦去移植了一個子宮，然後一直要吃抗排斥藥，如果非常幸運地順利懷孕（不要忘了得先做試管，這成功機率比一般低很多，還有誰的卵這個問題），就算你當作這些都不是問題（才怪），之後你還是必須開刀把寶寶生出來，而且經常會有早產的狀況發生，然後這個子宮基本上用個一兩次大概就要再開一次刀把它拿掉。

如果你願意經歷這一切，這將會是一個非常嚴肅跟神聖的過程，你不會整天在喝酒度假，然後在網路上打屁拍照上傳 IG。

目前台灣還沒有人進行過子宮移植，也不會有哪個怪醫黑傑克敢偷偷做，所以如果你有超過一秒鐘曾經懷疑過這件事情可能是真的，我只能說你真的很天真。解釋了這麼多，只能說除了這種擺明著胡說八道蹭流量的內容之外，偽科學和內容農場的髒東西也很恐怖啊。

躺著不動可預防早產？

　　我發現大家對於躺著不動可以預防早產的說法，還是有著無比堅定的信仰與迷戀，只要是孕婦，相信都很擔心早產的議題，我也完全同意，這絕對是值得被正視跟注意的問題，但要預防早產，躺著不動有沒有用？我的回答是：「難道你在陣痛的時候，躺著就不會生嗎？」

　　許多研究已經證實，在早產高風險的多胞胎妊娠上，即便是嚴密的住院臥床休息，結果也沒有任何改變。

　　生過小孩的女性應該都有經驗，難道你躺著就不會陣痛？進入產程的時候，不管你是趴著躺著站著還是倒立，或許主觀感受不同，但客觀條件跟結果都是一樣的。

　　我沒有叫你不要休息喔，適當的休息真的很重要，只是必須要用正確的觀念與態度來看待事情，不必把自己搞得太過焦慮啦。適當運動對孕婦健康真的很重要，千萬不要因為沒來由的恐懼與觀念，傷害自己的健康喔。

躺。

 左側睡姿可預防胎死腹中？

來談談孕婦睡眠的姿勢。

先說，結論就是還沒有結論。不過 2018 年的一月時，出了篇稍微像樣的相關論文，根據這篇論文的統計，一開始以仰躺的姿勢入睡會有增加胎死腹中的風險。我這個人就是這樣，沒證據就是沒證據，但有了證據我們就要繼續研究。

這篇學術論文研究的結果當然有參考的價值，不過還是一句老話——千萬不要過度解讀，我是堅定的相信接下來一定有人又要在網路上大做文章恐嚇人，而且標題大概會是這樣——「孕婦一定要左側躺不然會導致胎死腹中 !!!」後面還一定要有三個驚嘆號以傳達出十足的驚悚感……

不過，就讓我用好歹做過二十幾年老學究，以及寫過兩百多篇學術論文的經驗來跟大家分享一下，該如何看待這類的學術論文。

如果你仔細看完這篇文章，就會知道這是一種用問卷分析的方式，找了幾百位很不幸經歷 28 週之後胎死腹中的媽咪，並詢問她們一些問題，接著再找一些對照組，也就是正常懷孕的媽咪，同樣地問這些問題，然後再用多變項分析的方式來試著找出最有相關性的原因。結果發現在遭遇胎死腹中事件的前一天，開始入睡時是仰躺的媽咪，比起一開始用左側躺姿勢入睡的媽咪，胎死腹中的機會增加了 2.3 倍。

請注意，這個研究只有統計「一開始入睡時是否為左側躺的影響」，並未提到中間翻來翻去的影響，因為變數太多沒辦法做，而且也只能統計經歷不幸事件的前一日，而過去一陣子的入睡行為模式是

無法被分析的。此外只增加 2.3 倍的風險，並且無法證實因果關係，更絕對不可以被解讀成「如果不左側躺睡覺就一定會胎死腹中」，畢竟晚期胎死腹中的機率大約是千分之 2.9，而作者也提出約僅有 3.7% 的胎死腹中個案跟此議題有關，而且這只能統計初期入睡時左側躺和仰躺的差別，其他睡姿跟變數都是無法被控制的。

　　至於這篇文章的作者在最後也有提到，以他目前的樣本數實在是太小了，還無法完全中立去證實這件事情，畢竟這類型的案例對照研究還存在諸多限制。

　　一句老話，這都是統計的結果，還沒有真正的定論也無法證實因果關係，這還需要更多研究的證實。況且，能不能證實還是個很大的問題，畢竟初期研究到最後被推翻的例子實在太多了，只要不過度解讀，斟酌參考是沒有害處的。

　　回到結論，簡單來說，根據最新的研究，我會建議懷孕中期以後開始入睡時，盡量以左側躺著是比較保險的。但如果這樣真的睡不著，也千萬不用勉強，因為睡眠品質不佳一樣會帶來不好的影響，因此千萬不要在這裡太過糾結，畢竟世事無絕對，我只知道沒有好心情的媽咪就不會有好心情的寶寶。

胎記是吃什麼或孕期做什麼造成的？

蘇醫師您好，我的寶寶身上有三處胎記，目前都小小的，在肚子和大腿上，因為是女生所以我很介意，又想起懷孕期間我常常吃冰的，心裡很過意不去。請問就您的專業而言這是有影響的嗎？因為隨便谷哥就搜出這些都是有影響的，讓我越想越難過自責。

蘇醫師答客問

　　事出必有因，我發揮柯南的精神後終於搞清楚了，原來是有一個神經病半夜睡不著胡說八道，接著又有更多神經病亂抄一通，結果你一搜尋下去全部都是這樣的文章，因為東抄西抄都講同樣一件事，而且這些農場文的特色就是點擊率都很高，所以假的都變成真的，什麼都扯上吃冰，吃冰會白帶、吃冰會氣管不好、吃冰會過敏、吃冰會滑胎⋯⋯現在好了，吃冰還會長胎記！冰怎麼這麼好用啊？

　　每次看到這種農場文章火就很大，覺得用手指打字生產出這種文字的人都應該要把手指頭剁掉；如果跟我一樣用語音輸入唸，那就應該把舌頭割掉；用右手按上傳的就剁右手、用左手按上傳的就剁左手。

　　拜託，請這些喜歡在網路上妖言惑眾的人不要再胡扯了，或許有人會說我是婦產科醫師不懂皮膚的問題，那我請出專業的皮膚科醫師蔡昌霖來回答總可以吧？

　　專業皮膚科醫師蔡昌霖說，新生兒胎記無法預防，寶寶帶有胎記，不代表媽媽懷孕期間做錯什麼事，也不代表父母雙方少注意了什麼，

不管帶不帶有胎記，每個寶寶都是帶著父母滿滿的愛來到世上，沒有哪個寶寶會從父母那邊少獲得什麼，所以寶寶帶有胎記，父母最重要的是不要感到罪惡感或是要找罪魁禍首，胎記不是人為造成的、也非可事先預知或預防的，帶著胎記的寶寶一樣是天使、是上天給予的珍貴禮物。

　　千萬別受網路上充斥著假假真真謠言和農場文影響，產生不必要的自責唷。

胎記

 尖男圓女論

「蘇醫師啊，我臉上長痘痘是生男生吧？肚子尖尖是應該也表示懷了男生，對吧對吧？」

蘇醫師答客問

有次我幫一位媽咪做例行超音波，正巧看到小寶貝的生殖器特徵，職業反射性的跟媽媽說：「恭喜你，是小女生喔。」媽媽突然很激動地坐起來說：「怎麼可能！蘇醫師，你看錯了吧？是男生！」

我著實被嚇了一大跳，趕快非常仔細地再次確認：「是小女生沒錯啊？有醫師告訴你是男生嗎？是羊膜穿刺染色體報告是男生嗎？」我眉頭一皺，心裡已經很嚴肅的在思考有關胎兒性徵混淆的鑑別診斷了。結果這位媽咪回答我，她媽媽看她懷孕長了滿臉的痘子，就跟她說：「嗟一定是喳播せ啦……」

我到底是該鬆一口氣，還是用超音波探頭打他一棍呢？還有算命的、把脈的、換花換肚的都會來湊熱鬧，什麼肚子尖尖肚子圓圓的都一樣，還是一句話：「麥擱鬧啦。」

 ## 有關生男生女論

「醫師醫師，關於生男生女的偏方有各種說法，今天看到了另一個說法，看起來比什麼吃肉吃菜、不同姿勢什麼的合理一點，雖然知道是基因決定，但還是好奇這個有沒有根據？」

蘇醫師答客問

　　這看起來就是標準的胡說八道耶。真心覺得生男生女不重要，但也知道有時是來自於長輩有形無形的壓力，傳宗接代根深蒂固的觀念實在是神煩。

　　以基因的角度來說，我從來不覺得那個 Y 染色體厲害在哪裡，女人還要選擇強迫一條 X 染色體休息不工作讓手，這樣才能勉強打成平手。

　　這個同學來訊說根據一個表格，想生男孩的話，男性必須在排卵日前禁慾三到五天、想生女孩必須在排卵日前三天起要停止做功課，而且一下子說這樣 Y 精子比較強、一下子又說這樣 Y 精子無法存活，你知道你自己到底是在說些什麼嗎？然後又說在排卵日行房會對 Y 精子勝出大大有利，我聽你在放狗屁，你以為在玩生存遊戲啊？本來就是在排卵日前後行房才會懷孕啊！如果在排卵日前後行房都會生男生，那全世界都是臭男生了，況且在現實上要正確知道排卵日並不是一件簡單的事情好嗎？

　　簡單歸納就是說，科學上有用的方法，法規上是不能用的，而坊間各種琳瑯滿目的怪招，都沒有用。

裝潢中的噪音和甲醛

「蘇醫師您好，我現在懷孕 29 週，公司最近在施工，將會有一個月的時間，整天聽敲敲打打鑽牆壁的聲音，不知道是否會對肚子裡的寶寶有影響呢？」

蘇醫師答客問

很多人會問我有關裝潢的問題，不管是自己家裡、辦公室或是隔壁鄰居要裝潢，媽咪都會擔心化學毒物包含甲醛等等，總之孕婦會擔心的問題就很多。

確實這些環境污染物絕對是有疑慮的，也建議越少暴露在這樣的環境下越好，就像我們做醫療的，不管是診所的裝潢或是我們產後護理之家的裝潢，我們都會非常要求一定要低甲醛，但我們無法要求全世界所有人都得這麼做，所以答案就是閃得越遠越好。

但若無法避免不小心吸到了，說實話我也不知道怎麼辦，因為這也真的很難被量化。就像外面空氣不好、騎機車走在馬路上吸很多廢氣、PM 2.5 當然不好，但是你沒有辦法量化，這就是人生，有些東西閃不掉。

我也想住在深山裡，滿滿的芬多精，但空氣清新的地方常常醫療資源不方便，萬一哪天跌倒了還要麻煩救難隊來背我下山，想到這個我就打消念頭了。人生就是這樣，有一好沒兩好。

能閃就閃，就這麼簡單。

你知道寶寶在肚子裡會哭嗎？

「蘇醫生～我想發問，請問懷孕聽到嬰兒在肚子裡的哭聲，表示有危險要趕快去就醫是真的嗎？之前在媽媽社團中討論的沸沸揚揚的，麻煩您解惑了～」

 蘇醫師答客問

　　寶寶在肚子裡會哭？各位同學不要再鬧了啦好嗎？我相信任何人只要動動你的手指頭，再稍稍加上一點點非常非常微小的判斷力，應該在一分鐘之內就可以得到正確的答案，請打開 Google 後，用手指輸入「發聲的原理」。

　　聲帶的結構及發聲原理 (the Structure of Vocal Cords and Phonation)：

　　臺北市立建國高級中學生物科蔡敏麗老師 / 國立臺灣大學動物學研究所陳俊宏教授責任編輯內容節錄：「人類發聲的原理如下：當肺部呼出空氣時，氣流通過狹窄的聲門時，聲帶的黏膜會產生如海浪般的波動，此波動使附近的空氣介質振動形成疏密波，即為聲波。這些聲波會在咽、口腔、鼻腔及鼻竇等共鳴器產生共鳴而放大音量，之後再受嘴唇、牙齒及舌頭等器官影響，被修正成大家日常所講的語音。人的聲音如果光靠聲帶振動發出聲音，而沒有共鳴腔將聲音擴大，聲音會很小，共鳴腔除了能將聲音擴大外，也有吸收雜音的效用，使發出來的聲音品質更理想。」

　　寶寶在媽媽的肚子裡，肺部沒有空氣、沒有氣流、沒有共鳴箱是

要怎麼哭？還有，你知道寶寶出生之後第一件事情就是要哭嗎？不哭你才要擔心，如果寶寶心裡苦但寶寶不哭，那醫護人員就要哭了。

　　況且現在 21 世紀，我們連胎心音都可以聽得這麼清楚，如果真的寶寶在肚子裡會哭，放個胎兒在肚子裡罵罵號的聲音給你聽是有這麼難喔？我們沒這麼小氣。跟你們說寶寶在肚子裡會打嗝你們偏偏不信，但打嗝沒聲音喔，隨便有人跟你唬爛寶寶在肚子裡會哭你們就相信，這樣好嗎？

孕婦哭哭導致寶寶畸型

> 「蘇醫師，我是未婚單親孕婦，現在 18 週，我每天都在哭，請問我的小孩會被影響嗎？我很努力不哭，努力快樂但我做不到又擔心孩子……謝謝你。」
>
> 「醫師請問我現在 9 週又 4 天，剛剛有哭了一下，大概兩三分鐘，一想到不行要回神冷靜，但還是擔心是否會影響胎兒呢？」

蘇醫師答客問

三不五時都會有人問我這個問題，我本來覺得莫名其妙，不知道各位到底是在擔心些什麼東西，但現在我懂了，原來就是有一群人無時無刻在網路上散播這些亂七八糟的訊息。

如果要你擦乾眼淚、鼓勵你人生勇敢向前，沒問題，這算是一種安慰，但是用威脅恐嚇的態度說「你如果哭，你的寶寶就會怎樣怎樣……」說這種話的人不怕舌頭被割掉或手指被剁掉嗎？孕婦看連續劇突然很感動，掉兩滴淚這樣也不行啊？救人喔你這也太嚴苛了吧。

其實我覺得比較奇怪的是如果你哭了，別人告訴你這樣寶寶會畸形，然後你也相信了，結果因為太擔心所以又哭了，就會陷入：

哭了→擔心畸形→又哭了→擔心真的會畸形→又哭了→擔心萬一真的會畸形→又哭了→想說哭這麼慘→真的一定會畸形的鬼打牆人生無限循環……

幫肚子裡的寶寶調時差

「想問一下醫師，媽媽本身日夜顛倒，那小孩出來也會跟著日夜顛倒很難帶嗎？這是長輩跟我說的，我不知道是不是真的。」

蘇醫師答客問

　　相信你應該有過出國有時差的經驗，即便當時調整得很痛苦，但最後終究還是有調回來吧？即便你曾經跟我有過一樣慘痛的經驗，晚上坐飛機去舊金山開會、開完會立刻坐下一班的飛機回來，但最終我還是活過來了，也並沒有因為去過一趟美國，所以之後在台灣都過美國時間吧？

　　如果你同意上面所說的，那為什麼你要擔心孩子在你肚子裡，萬一日夜顛倒出生之後會調不回來呢？沒理由啊～許多時候家裡人跟你說日夜顛倒對寶寶不好，我相信他們心裡是希望用這個理由叫你不要這樣做。

　　說實話，我完全同意良好運作的生理時鐘對人的健康是很重要的，但用寶寶做為理由來綁架孕婦，雖然動機我可以理解，但在科學上就不太好啦！更何況，寶寶在肚子裡睡眠時間很短，根據統計，寶寶平均 20 到 75 分鐘就會起來活動，而且你肚子裡沒裝燈，根本沒有日夜顛倒的問題。要是你還是堅持會有這個問題，那你就等生出來再幫他調時差，當作出國不就好了？

假性收縮易缺氧

「請問蘇醫師，看網路文章是說 37 週以前常常有假性宮縮，然後會造成胎兒缺氧，請問這是真的嗎？」

蘇醫師答客問

　　Braxton Hicks contractions 這個專有名詞很繞口是吧？這是一位叫做 John Braxton Hicks 的英國醫師在 1872 年首先提出描述的現象，或者又叫做練習性收縮（practice contractions），或是假性收縮（false labor）。

　　簡單來說，就是跟生產或早產無關的收縮啦。根據臨床觀察，這種假性收縮在懷孕非常非常早期的時候就開始有了，只是一般要到 10 幾週以後直到生產前才會比較容易被感覺到，基本上它就是孕媽咪常會經歷的不規則且有時會有些輕微拉扯疼痛感的收縮。

　　其實大家擔心缺氧應該是擔心腦性麻痺的問題，雖然目前腦性麻痺的原因無法完全得知，但絕對不可以因為沒有定論就隨便牽拖，這不健康，也不科學。

　　即便絕大部分的人會經歷假性收縮，但是真正最後導致缺氧有問題的人卻是非常非常少數的，沒有「因為 A 因此造成 B 增加」的證據，因果關係不存在，所以用想的應該就很清楚，這個是沒有關係的，而事實上也從來沒有看到科學上有得出這個結論的統計數據。

如果說假性收縮容易缺氧，那進入產程陣痛的時候是不是更容易缺氧？而且假性收縮無法治療，若沒有辦法避免，擔心這個問題有幫助嗎？這種說法是一個被過度簡化的說法，中間被省略了很多重要的其他因素。胎盤功能不良是造成缺氧的其中一個重要原因，不單單是收縮就會缺氧。

應該說，造成胎兒腦性麻痺的原因很多，如果胎兒的狀況不好，當然收縮就會導致缺氧，但前提是要有特殊的狀況，這樣的邏輯才會成立，健康的胎兒收縮並不會缺氧，所以重點是在胎兒健不健康，或是背後有沒有病理性的原因，譬如胎盤功能不良，而不是這麼容易就被簡化成收縮就會導致缺氧這樣簡單的結論。

假性收縮是一個絕大部分的孕媽咪都會經歷的自然現象，無法被預防也不需要被治療。

一旦聽懂了，有關這個說法的來源就是一個很好的「反向指標」：哪個網站這樣寫就請刪了它，它不值得你再繼續相信看下去；哪一個群組寫這樣，就請刪了它，它不值得你再繼續加入下去；哪一個人告訴你這樣，就千萬不要再輕易相信他所提供的醫療建議。我認為這樣的刪去法，其實挺有幫助的。

同性可婚、同姓不婚，有影沒？

不要誤會，我沒有要談同性婚姻，我是要談同「姓」婚姻。

「我媽媽不准我跟我男朋友結婚怎麼辦，因為我們都姓王。」、「我爸爸不准我跟我女朋友結婚耶怎麼辦，因為他阿公叫我阿嬤姑姑。」

我們不談信仰也不談法律，我們談科學。簡單來說，根據國外大規模統計發現，沒有血緣關係的兩人結婚，生下有先天性缺陷或遺傳性疾病的孩子的機率約為 2 ～ 3％；血緣如果拉近到六等親以內，機率增加到 3 ～ 5％。理論上父母血緣愈近，子女得到隱性遺傳疾病的風險確實愈高，這是事實，但就是 2 ～ 3％增加到最多 3 ～ 5％。

至於同姓問題，以科學上的角度來說就扯更遠了，那韓國很多人都姓金那怎麼辦啦？這樣的風險增加幅度或許每個人認知不同，但對我來說，這增加的風險是比所託非人的風險來得低上許多，如果是真愛，或許值得冒險一下。

幫大家整理一下遺傳學觀念及常見迷思：

一、近親結婚會生下唐氏症寶寶？

錯。唐氏症跟近親結婚一點關係都沒有。

二、同姓代表血緣近，最好不要通婚？

錯。姓氏來自於父系祖先，同姓只能反映兩個人可能過去有相同的父系祖先，但無法得知血緣遠近，而且也看不出母系血緣的遠近。

三、以前歐洲皇室長年近親通婚，造成血友病普遍？

錯。這是根深柢固的錯誤觀念，血友病是性聯遺傳疾病，即跟性別有關。通常是母親帶有血友病的隱性基因或基因突變，而將致病基因傳給下一代，跟夫妻的血緣遠近無關。

至於同性婚姻，不歸我管，但同性婚姻在中華民國已於 2019 年 5 月 24 日合法化，並成亞洲第一個同性婚姻合法化的地區囉。

超級比一比，他的肚子為何比我的大

人就是很愛比，小孩比功課、比身高、比得獎；男人比車子、比工作、比薪水；女人比小孩功課、比小孩身高、比老公車子、比老公工作、比老公薪水、比包包、比衣服、比鞋子、比婆婆……很辛苦欸，不要再比了啦！

有媽媽問我：「蘇醫師，我的肚子比我同事小耶怎麼辦？」我想請問你們同週數嗎？即便同週數，每個人身形不一樣怎麼比？你們有把衣服脫下來比嗎？

確實在產科學上，產檢有一個工作就是測量子宮頂高度（fundal height），我們的算法就是從媽媽的骨盆恥骨聯合上方，開始測量到子宮頂端，這個距離就是「子宮頂高度」。

如果你現在正在懷孕，你自己可以躺下來試著摸一下，也可以用皮尺量一下。懷孕 12 週之後，子宮頂大概剛剛出骨盆開始可以摸到；大約 20 到 22 週左右，子宮頂會到肚臍的位子，之後越來越高。如果你用皮尺量且你的測量是對的，正常來說，這個 fundal height 的數字應該大概就是週數加減兩公分。

不過，你的量測要夠準確，首先要找到正確的子宮頂，不要亂量，如果所測量的子宮頂不是對的地方，量起來就不會是對的；再者，這個測量會受到一些限制，必非每個人都適用，譬如說若如有肌瘤或腺肌症者，量起來就不會準確，到 36 週以後也不會準，因為胎頭會下降進到骨盆腔。

況且，這個測量方式最主要的目的是要測量胎兒的生長狀況，我們現在已經有超音波了，可以善用超音波檢測來協助醫學判斷，過去是因為沒有超音波才會測量這個。最後要說的是，在臨床上標準測量工具測量之下，胎兒生長數據都不一定精準了，那你們幾個孕婦穿著衣服在那邊比來比去，是在比個什麼勁啦！

 胎兒打嗝

「蘇醫師您好，想請問寶寶在肚子裡打嗝的情況會持續到 36 週之後嗎？我在網路上看到胎兒打嗝很危險，而我就有感覺到胎兒在我肚子裡打嗝的動作，因為肚皮出現規律的跳動，需要就醫嗎？謝謝。」

蘇醫師答客問

胎兒打嗝是一件很神奇的事情，也被視作懷孕的一個自然部分，而且是一個好的徵象，不用擔心。不過一旦這麼說了，我相信一定有媽咪會覺得：「奇怪，我都沒感覺耶，這樣是不好嗎？」你們這些懷孕的人都是這樣，別人有你們就一定要有，這不是趕潮流排隊買潮鞋買潮包，事實上沒有感覺也是正常的。

那麼，「超過 34 週如果胎兒還有打嗝這是危險訊號嗎？」如果你要知道真相，確實「統計上」，在 34 週之後打嗝的頻率跟次數是會減少，我知道你們這些懷孕的都是這樣，別人有的你們要有，別人沒有的你們也不可以有，而且很喜歡自己嚇唬自己。

確實，在網路上可以查到打嗝在懷孕後期是一個危險象徵，這樣的說法資訊，甚至號稱是媽寶界重量級的媒體也這樣說。然而，這其實只是一個被過度放大的不對等資訊，甚至只是各種說法中，其中一種很微小的假說與可能，而這種說法，甚至無法被確切的證實。

事實上有更多健康胎兒到了後期還是會有打嗝的現象，這不難證實，有很多已經生完的媽咪可以站出來證明。況且從頭到尾只有一篇

科學文獻提到這件事，根據這個實驗研究發現，「羊咩咩」在臍帶壓迫的情況之下，確實會誘發打嗝反應，這個實驗是在羊身上進行研究，發現臍帶壓迫在羊身上會引起打嗝反應，所以有打嗝反應就都是臍帶壓迫造成的？是這樣嗎？我洗澡前一定會想上廁所，所以上廁所就都一定是要洗澡？是這樣嗎？這根本就是典型的看到黑影就開槍。

　　若真的擔心，請去看醫生確認最準確，規律的產檢才是王道，比起一個被過度誇張跟渲染的說法，產檢更能幫助腹中寶貝平安長大。所以後期我們會建議要裝胎兒監視器做胎兒評估，就是這個道理，畢竟胎兒評估比有沒有打嗝重要太多太多了！

別擔心哦！我們裝胎兒監視器，評估一下。

看電影對胎兒會有影響嗎？

「蘇醫師您好，想請問目前懷孕 24 週，去看電影對胎兒會有影響嗎？是打算看變型金剛這種動作片，謝謝。」

蘇醫師答客問

　　我們來簡單談一下寶寶的聽覺：根據研究，寶寶的聽覺大約是在 16 到 20 週開始發展出來，所以確實在妊娠中期以後，寶寶是聽得到的。但是愛操煩的媽咪們又會擔心：「太吵雜會對胎兒聽力有影響嗎？」、「我看電影乒乒乓乓的可以嗎？」、「唱 karaoke 太吵可以嗎？」、「我昨天跟老公吵架，那死鬼吼得很大聲這樣可以嗎？」

　　事情是這樣的，寶寶在媽媽子宮裡是有羊水包圍著的，外頭還有一層層老母的子宮肥油皮膚跟外界隔絕，你想想看，你在潛水游泳的時候會聽到多少外頭的聲音呢？

　　沒有是不是？對，結案。

　　其實，寶寶在肚裡最主要聽到的是來自於媽媽器官的聲音，包含媽媽腸胃咕嚕聲、媽媽的心跳聲、媽媽吼老公去擦地板洗衣服洗碗的聲音。胎教音樂是給媽媽聽的，至於媽媽吼老公寶寶聽不聽得到？是聽得到的！所以就叫你不要那麼愛生氣嘛～但吼一下也不用太過懊惱，畢竟你不會 24 小時一直在吼吧？難道你偶爾聽到呼嘯而過的救護車聲響，就會導致你自己聽力受損嗎？

　　因此，寶寶對於外頭吵鬧紛亂的世界，充耳不聞。

 ## 羊水就是尿

不要懷疑，羊水就是尿。

抽羊水的時候，經常會有媽咪問我：「蘇醫師，羊水是黃黃的這樣對嗎？」不然你覺得尿該是什麼顏色？所以寶寶會吞羊水就是在吞尿？是的，沒錯。你無法接受每個人，包括你自己，在媽媽的肚子裡都是喝尿長大的這個事實？

接受吧，不要懷疑。

寶寶就是泡在羊水裡，而羊水就是寶寶的尿液，是自己製造出來保護自己的緩衝液，這也是上天安排的極度聰明的巧思。寶寶自己從腎臟製造尿液，然後再從嘴巴把羊水吞回去，製造出一個內循環與平衡的美妙境界。所以羊水過少或過多，都是這個巧妙系統的運作瑕疵所造成的。

也就是說，評估羊水量是判斷寶寶健康與否的一個重要指標，當羊水量偏離正常值，必須要請專業醫師幫忙評估到底發生了什麼事情，進而採取必要的步驟，但絕對不是羊水過少，就請媽咪多喝點水就全然可以解決的。憑什麼媽咪多喝水，寶寶羊水就一定會變多？

當然，在媽媽本身水分不足胎盤灌流不好的情形下這有用，但如果是病理性的狀況，是沒有用的。還是一句老話：個人狀況不同，千萬不要隨便給人建議，不然以後我在治療那些羊水過少案例的時候，我全部讓他們多喝水不就得了？

哺乳期懷孕能繼續餵母乳嗎？

> 「蘇醫師您好，我相信您是位支持母乳的醫生，所以一定能
> 中立回答我的疑問：目前我懷第二胎約 9 週，老大 1 歲 2 個
> 月持續哺餵母乳，究竟懷孕期間能否繼續哺餵母乳呢？對胎
> 兒會有所影響嗎？驗孕的婦產科醫師希望我停止哺餵，希望
> 蘇醫師可以幫我解答！」

蘇醫師答客問

常常會有媽咪寫信來問我這類問題：「蘇醫師，我目前還在餵母乳，但是又懷孕了，這樣可以繼續嗎？」、「繼續哺餵母乳會影響我肚子裡的胎兒嗎？」

先來回答安全性的問題：許多媽媽會擔心的最主要原因，是哺餵母乳時是否會引起子宮收縮，造成早產的問題。根據研究和醫學上的觀察，在哺餵母乳時確實可能會引起子宮收縮，但在正常的懷孕情況之下，這一類因為哺乳所引起的收縮並不會引起早產。

催產素 (Oxytocin) 是一種會因為哺乳而分泌出來刺激子宮收縮的荷爾蒙，在哺乳的時候他會分泌，但在正常的情況之下分泌量少到不足以造成早產，即便你有可能會感到收縮，但這絕大部分都是屬於無害的收縮，並不會傷害子宮內的胎兒。

當然，在某些特殊的情況下，像是這胎你屬於高危險妊娠、已經有早產風險、懷多胞胎、遭遇到出血或是無法確定的情況等，我們才會建議可以跟醫師討論是否要停止哺餵母乳，若無特殊的狀況，在哺乳期懷孕是不必停止哺乳的。

胚囊形狀圓不圓重要嗎？

　　許多孕媽咪在早期懷孕時常常都會這樣問我：「蘇醫師，我的胚囊不是很圓耶，這樣胚胎是不是不健康啊？」

　　我想說的是，胚囊圓不圓真的不是那麼重要。

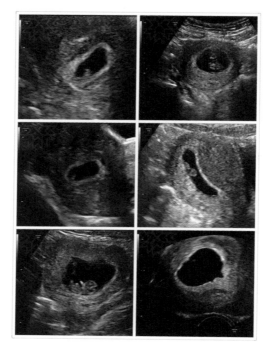

　　以上六個圖是同一天門診所看到的，分屬於六位不同的孕媽咪。很遺憾的，右下角那一個胚胎沒能繼續發育下去，其他都是正常的胚胎。有很多人都猜到了他有問題，不過不是從看他胚囊圓不圓，而是根據圖中並沒有看到裡面有胚胎或是卵黃囊的內容物。但說真的，即便是正常的胚胎，我也可以切出一個看不到胚胎或是卵黃囊的超音波圖像。

右圖這張是我隨機在門診抓的3D圖。

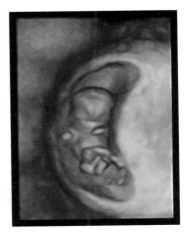

在 3D 顯示下，胚囊是正圓的嗎？不是吧。說實話，切的角度不同，2D 超音波圖像就會出現各種各樣的變化。我真正要說的是：用單一切面超音波的圖像來判斷其實並不保險，因為妊娠囊是立體的，所以我們在判斷胚胎是否有健康的成長，是必須很審慎，並且多面向的去評估。

舉例來說，根據可能推估的受孕時間，加上不同週數的相對生長大小來參考，不同時期週數的胚胎，必須具有他該有的特徵與里程碑，而且要上下左右，滑動超音波探頭，用不同切面來觀察胚胎的立體結構，最重要的是不要用單次來判斷，而是最好至少間隔一個禮拜的時間來觀察縱向的生長幅度變化，判斷胚胎是否有健康正常的在成長。

因此，圓不圓真的不是一個精準的判斷指標，因為有很多干擾因子會影響判斷，我沒有打算要教你怎麼判斷，因為我不想要你搶了我的飯碗。開玩笑的啦！正確一點的說，這不該是閒閒沒事自己拿來判斷和搞操煩的事情，請交給專業的來吧。

此外，出血與否也不是一個精準的指標，不管好的胚胎或發育不好的胚胎都會有出血表現，因此早期出血不必太過驚慌。

關於減痛分娩那一針

「蘇醫生你好：我想問，生完之後為什麼腰會痠痛，有人說是打那個針的問題，可是我生的時候沒打，現在一樣有痠痛的問題。」

「蘇醫生您好，看過您的文章我知道對一些旁人的建議跟想法，其實不用太勉強改變，但是今天婆婆說隔壁鄰居生小孩因為打了減痛分娩造成小孩子沒辦法出生，悶住一段時間，生出來後直接送加護病房，叫我減痛分娩不用考慮了，雖然我知道這一點關係都沒有，但還是想讓專業的醫生來幫我解答。」

 蘇醫師答客問

這次一炮雙響，都對減痛分娩有所疑問，唉，這世界好像就是這樣，你明明自己都已經知道答案了，但只要有人在旁邊胡說八道，你的理智還是不免會動搖，這就跟我們醫護同仁上班時很怕吃到鳳梨會很忙，結果沒吃鳳梨一樣很忙，然後還問為什麼會這樣有七成像。

整件事本來就跟鳳梨無關啊，我們自己衰幹嘛牽拖鳳梨。

專業醫師跟一般人不一樣的地方，其實是在於一般人是用「我覺得」或是「我以為」或是別人說、我媽媽說、我婆婆說、我隔壁鄰居說來看待事情，而專業的醫師在面對醫療問題時，是必須用醫學證據來檢視。

明明醫學研究就證實沒有相關，明明穿紅內褲跟打麻將贏錢沒有相關，然後你老公說就一定要這樣穿才會贏錢，那你就穿啊。

關於第一個來函詢問，就像你怕沒穿紅內褲打麻將會輸錢，結果穿了紅內褲還是輸錢然後問我為什麼會這樣，老天爺啊我怎麼知道你為什麼會這樣。

關於第二個來函詢問，就像為了打麻將要贏錢所以穿紅內褲，結果被警察杯杯臨檢，然後牽拖是穿紅內褲害的就這樣。

我除了繼續送你一個滿滿柏拉圖式的微笑，還能說些什麼呢？

懷孕能清肚臍嗎？

「蘇醫師：因為懷孕覺得肚臍很髒，所以摳到受傷流血，看著網路文章說『因為距離內臟近，不能摳肚臍，若孕婦肚臍破皮受傷感染，會導致胎兒感染跟影響生長發育！』覺得很擔心，不知道會不會感染影響胎兒？希望您能回答，謝謝您」

蘇醫師答客問

這題很淺但很多人問，其實有時在門診看到媽咪肚臍上堆積的陳年老垢真的有股衝動想把它摳下來，懷孕才會凸出來千載難逢的好機會，此時不清更待何時？為何不清我實在不懂，現在我懂了。原來又是什麼狗屁網路文章在亂寫了。

你的肚臍就是你的肚臍，他沒有連到你自己身體裡面的任何器官！他沒有連到你自己身體裡面的任何器官！他沒有連到你自己身體裡面的任何器官！很重要所以說三次。

更不要說是寶寶了，距離內臟近也是你自己的內臟啊，關寶寶什麼事？摳你自己的肚臍就跟你摳你的青春痘一樣的意思。

關於孕期痔瘡

「蘇醫師好，目前懷孕接近七個月發現痔瘡，沒出血、沒有碰到就不疼痛，想聽聽蘇醫師聊聊關於懷孕後期痔瘡的問題。」

蘇醫師答客問

本人有求必應，你想要聽我聊痔瘡我就跟你聊痔瘡，沒問題，但是我沒有這麼膚淺，痔瘡不是婦產科醫師的專長，我最討厭人家不懂裝懂，所以我對我自己的要求也是一樣，交給專業的來吧。

關於所有懷孕期間的疑難雜症，我不可能一個人樣樣精通，所以我把專家都找來了，這次蘇總機再次 call out 出我們的痔瘡專家——人稱痔瘡小公主與痔瘡手術專業戶「鍾雲霓醫師」，來跟大家聊聊孕期的痔瘡問題。

鍾雲霓醫師表示，臨床統計大約 70% 的懷孕媽媽，從懷孕中期肚子變大、骨盆血流快速增加後，就開始有痔瘡困擾。症狀從肛門口癢、痛、腫脹異物感，到排便後出血都有，依嚴重度不同，且隨著產程進展越來越鬧、越心煩。

為什麼孕期會鬧痔瘡？主要原因是：

- 懷孕時，子宮膨大、腹壓增加，造成直腸肛門壓力上升，將肛管內的軟組織擠出肛門，形成痔瘡脫垂，或使本來存在的痔瘡向外脫出。

- 孕期骨盆腔血流增加，肛門處血流量也倍增，使得痔瘡組織內的血管更腫、更曲張。
- 懷孕期間，黃體激素 (progesterone) 升高，將腸壁肌肉放鬆、減低腸蠕動；加上子宮向後壓迫直腸，帶來孕期便秘問題，一便秘，痔瘡狀況自然加劇。
- 人體為準備生產，骨盆腔肌肉整體將變得鬆弛，好減低胎兒娩出時的阻力，但也同時使痔瘡組織跟著鬆弛脫出。
- 生產時的推擠。

但事實上，無論剖腹產或自然產，大家前十個月肛門承受的壓力都是一樣的，所以怎麼生，痔瘡要擠出來的，還是會出來。而懷孕時，媽咪痔瘡洶湧充血時，最怕碰到的是又急又痛的急性血栓痔瘡情況，如果碰到血栓也別慌張，通常會有幾種劇本發展：

1. 血管內的血栓在 2-4 週內漸漸自行溶解、被血流沖散，疼痛也可能逐漸改善。這是最幸運的狀態。
2. 血栓飽滿至痔瘡表面，排便時皮薄餡多的血栓痔被糞便磨破、排出血塊血水，自動放血。
3. 深層血栓受組織包覆，形成纖維化的小團塊塞住血管，雖然不會痛，但也很難消散，這樣的慢性血栓，以後再發作的機率最高。

如果想預防，或真的被孕期痔瘡纏上了該怎麼辦？

- **在診間由醫師釋放血栓**

  一般我們並不會衝著媽咪正在懷孕的期間以手術處理痔瘡問題，但如果讓在門診遇到血栓，我們會觀察，在血栓浮出痔瘡表面

時，以針頭將痔瘡表面挑開，讓血栓快速釋放出來，疼痛症狀也能瞬間得到緩解。所以不是完全沒對策任痔瘡打罵啦，別怕。

- **避免便秘**

  避免解便時在馬桶上出力排便的動作，出力時間最佳是 7-10 分鐘內，但排便順利、腸道通暢的秘訣在於飲食和作息，作息規律多運動、少量多餐，多攝取水份和高纖維質食物。必要時，可以補充益生菌或纖維補充品，或請醫師開立安全軟便劑或輕瀉劑 Senokot(SennosideA+B) 幫助排便。

- **避免長時間久坐或久站**

  養成規律散步、快走的習慣，並練習凱格爾收縮運動；規律運動可幫助循環，而凱格爾運動可以收縮會陰部和肛門處的肌肉、增進血液循環，避免痔瘡內的血管曲張惡化。

- **保持肛門周邊清潔**

  排便後用免治馬桶、蓮蓬頭或小水柱溫水沖洗肛門，並用毛巾或衛生紙輕輕壓乾，在沒辦法使用溫水沖洗的時候，可使用濕紙巾擦拭肛門，盡量不要用乾衛生紙反覆擦拭突出的痔瘡組織，過度擦拭的動作會加劇痔瘡出血、潰瘍。

- **嚴重腫脹、灼熱、疼痛時**

  即便是孕期，也有可以緩解疼痛不適的口服止痛消腫藥。另外使用含抗發炎成分或血管收縮成分的痔瘡藥膏，配合局部冷敷，可減緩痔瘡發作時的不適，也可在醫師的指示下使用塞劑，將藥用成分送至肛門內，幫助消腫。平時也可以在衛生棉或護墊上倒上煮開放涼的開水、放進冷凍庫結冰，也就是居家自製冰寶，在久坐時取出墊在痔瘡患處，可緩解脹、痛、熱的症狀。

- **每天溫水坐浴可緩解痔瘡疼痛**

    以臉盆裝比體溫稍高的溫水，每天坐浴 1-2 次，每次 15-20 分鐘，可增進肛門部的血液循環、軟化痔瘡內血栓，使疼痛減緩。如果蹲坐下來的姿勢對懷孕中的媽媽太過勉強，可以每天排便前後，或早晚用使用蓮蓬頭小水柱的溫水沖洗肛門部 3-5 分鐘，可以達到一樣的效果。

    除了以上建議外，請勿任意嘗試民間偏方，真的疼痛難忍時，請尋求專業醫師的協助。雖然懷孕期間不宜隨便接受麻醉或手術，還是有許多藥物可以幫助症狀緩解，又不影響母體和胎兒健康，有時甚至是一個在門診挑除血栓的小動作，都能幫助妳好好地撐到生產完後。

    話說，若按耐痔瘡撐到產後，在坐月子期間，是可以考慮接受手術的好時機。我們一般建議產後處理痔瘡的時間，最快是自然產後 3-5 天，及剖腹產後 14 天。但臨床上，若媽咪真的痔瘡疼痛難耐，自然產隔天就能接受痔瘡手術，效果極佳，且一勞永逸。

    我們常笑說，痔瘡就像是年輕不懂事時交的壞男友，不欺負妳的時候就和平共處，忍無可忍時，我們就來幫妳和平分手，媽咪們，加油！

孕婦不可以吃克流感？

蘇醫師你好，因為最近弟媳懷孕 10 週不小心感染流感吃了克流感，看了兩到三家的婦產科醫生，所有醫生都回答不確定會不會影響胎兒，所以想請教您，不知道克流感會不會影響肚子的寶寶及之後需要做哪些檢查嗎？

蘇醫師答客問

這封來函內我要指出兩個問題：

第一，大家很喜歡「幫別人問問題」：幫我媳婦問、幫我弟媳問、幫我鄰居的女兒問、幫我朋友問、幫我妹妹問、幫我姐姐問、幫我前女友問……老實說，這種問題我不太回答的，我為什麼要跟另外一個人討論另外一個我從來沒有看過、不相干人的醫療問題呢？透過二手訊息討論醫療專業這件事，本身就顯得專業知識廉價了。

第二個問題在於你說所有的醫師都回答「不確定會不會影響胎兒」，對於此事我抱持懷疑態度，雖然我不在現場，沒有辦法根據單方面的描述來做完整判斷，但說實話，這件事情我不太相信醫師會告訴你他不知道。

我覺得比較可能是和醫生溝通過程的認知不同，或是問法的問題。我相信所有醫師都知道懷孕可以吃克流感，這是目前的標準治療。國外文獻是這樣說的：

Animal studies have failed to reveal evidence of teratogenicity; animal data (with doses 2 to 100 times the maximum recommended human dose) have revealed that the drug crosses the placenta. There are no controlled data in human pregnancy; data from postmarketing reports and observational studies (over 1000 exposed outcomes during the first trimester) showed no malformative nor fetal/neonatal toxicity by this drug.

Published prospective and retrospective observational studies of about 1500 women exposed to this drug during pregnancy (including about 400 exposed in the first trimester) indicate no increase in the observed rate of congenital malformations above the general comparison population, regardless of when exposure occurred during the gestation period. However, when each study was evaluated separately, all had inadequate sample sizes and some lacked dosing information, preventing definitive assessment of risk.

According to the US CDC, this drug is preferred for treatment of pregnant women with suspected/confirmed influenza.

簡單說就是目前沒有證據能夠證實百分之百安全,但以現有資料來看,並沒有提高胎兒異常風險的證據。因此根據美國疾病管制與預防中心(CDC)的建議,在高度疑似或是確認感染流感的孕婦上,建議使用克流感進行治療。

因此在這件事情上,我不認為所有你遇到的醫師都不知道這個問題的答案,我真心覺得應該是問法的問題。當你問醫師:「吃這個藥有可能會影響寶寶嗎?」醫師的回答一般會是:「根據目前資料不會喔!」但如果你換個方式問醫師:「你『確定』或是『保證』不會影響寶寶嗎?」依照醫師的立場,他按照文獻回覆你,而文獻中確實提到沒有不良反應,但說到底,所有事情都是利害權衡得失之下的結果,

萬事沒有絕對，醫生又不是開保險公司，何來幫你擔保呢？

　　就像你問我坐飛機安不安全，我的回答是很安全。確實由統計上來說，飛機出事率跟其他的交通工具比起來相當小。但若你要我保證你這次搭乘飛機旅行絕對不會出事，我當然要回答「我不確定」、「我無法確定」。

　　畢竟沒有人可以替你保證什麼，甚至需要替你保證什麼。依照台灣鄉民的習性，一不順意動不動就要上網討公道，但科學證據目前就僅只研究到一個程度，並不能勉強別人多給你保證。

　　題外話，這幾年流行的網路爆料都如出一轍，用單方面的角度陳述說辭、論斷別人。當然，個人的看法我都尊重，但地球的運作其實不盡然是你想像或是你認為的這個樣子。

　　過去醫療環境比較單純，醫師當然喜歡用對待家人的想法來面對病人，更有句話叫做「視病猶親」，但現在卻被逼著大部分的時候必須學著用上法庭的心態，學著律師說話，字字斟酌，無奈且累，但實在是沒辦法。

CHAPTER 2
孕婦這不能吃那不能吃系列

吃燕麥會滑胎

到底是誰說孕婦不能吃燕麥？一大堆人問我燕麥可不可以吃的問題，搞得我一頭霧水，難道燕麥是有毒喔？是嫌大家沒事做嗎？連我在維也納機場候機室等飛機回台灣時，都還要回覆有關燕麥滑胎的問題。

這些網路文章沒有署名，胡說八道也不用負責，但就是有本事搞得天下大亂、人心惶惶，我真心覺得這是教育問題，很討厭這種不負責任妖言惑眾的網路爛文化。

請問燕麥不能吃的學術論文根據在哪裡呢？吃多少算多、吃多少算少？請問會滑胎的劑量標準在哪裡？要每天吃嗎？要吃多久才有效？請問滑胎的成功率有多少啊？請問吃完多久會滑？可以滑到哪裡呢？月球可以嗎？

如果這樣胡說八道也可以，那我們一天到晚千里迢迢跑到世界各地去開會，汲取新知都是神經病？到底哪來這麼多會滑胎的東西？所以用 RU486 來滑胎是騙錢的就對了？之後胚胎萎縮要滑胎的，我在醫院門口開超市，專門賣燕麥跟薏仁。

又來了，生理期不能吃冰

「醫師您好，我是您的粉絲，同時是小學老師，今年教高年級健康課，學校請護理師來做性教育宣導，護理師跟學生說生理期不可以吃冰，會造成宮縮、生理痛與經血流不出。我有私下轉貼您和烏烏醫師的文章給她，但她說生理期不能吃冰是醫學常識、網路文章僅供參考。想請教，初經的女孩真的不能吃冰嗎？我怕我阻止她、阻止學生吃冰，會是個錯誤的言論。」

 蘇醫師答客問

老師您好，好樣的，勇於提出疑問追尋答案這是學生的好模範，我喜歡接受這種挑戰。

很想說，究竟是哪位護理師、哪個學校畢業的、在哪個單位服務？邀請他來對決，如果他在我們的醫療院所工作，我一定會請他接受再教育。

關於懷孕不能吃冰的、坐月子不能吃冰的、生理期來也不能吃冰的、身體不好也不能吃冰的、最好停經之後也不能吃冰的言論實在太多了，甚至還有人說愛吃冰身體會長肥油哩！看起來女性同胞最好一輩子都不要吃冰。天啊冰的東西到底是招誰惹誰了。

說過很多次了，你自己想怎麼樣是你家的事，但用錯誤的觀念教育跟殘害我們的下一代，這我就無法接受。如果你告訴我生理期不能吃冰是醫學常識，請麻煩把醫學證據拿出來，再說一次，你自己可以有生理期不能吃冰的信仰，我也尊重你的信仰，這我管不著也懶得管，

但你不能把醫學拉下來替你的信仰背書，如果你生理期吃冰會宮縮經痛或是經血流不停，那你不要吃冰我沒有意見，但我很清楚並不是所有的人都這樣，我看過的醫學臨床指引也沒有說是這樣，所以你沒有權利叫別人都不可以這樣做，如果你只是那位隔壁生了五個孩子且個個都唸博士，對於月經狀況不是很有經驗的大媽，我會給你一個微笑，並請神明賜福給你、祝你健康，但今天你是一個護理師耶，一個應該有醫學專業背景的護理師，結果卻在那邊對大眾說著沒有醫學證據的論點？！看來我跟這些迷思的戰鬥還不會停止。

孕婦可以吃芒果嗎？

　　每到芒果盛產的季節，芒果就成了被詢問的熱門主角。各式各樣的問法層出不窮：孕婦適合吃芒果嗎？一定不可以吃嗎？昨天不小心吃到一片芒果可以嗎？我很喜歡吃但我老公我媽媽我爸爸我公公我婆婆我大嬸婆我小阿姨我隔壁鄰居不準我吃怎麼辦？芒果很毒嗎？寶寶出生會容易黃疸嗎？寶寶出生會容易過敏嗎？寶寶出生會容易異位性皮膚炎嗎？

　　老話一句，食物只要你自己不會過敏、適量均衡都不是問題，不存在什麼可不可以吃、適不適合吃的問題。如果你對芒果過敏還吃，那別人也救不了你；如果不會過敏，真的沒什麼好擔心的。

　　但接下來還是會有人問：「蘇醫師你說適量就好，那一天一顆芒果算不算適量？」我怎麼知道你的一顆是愛文芒果那麼大還是土芒果？我吃土芒果還只是鑽個洞吸吸汁而已，還有芒果青怎麼算？

　　事實上食物跟藥物不一樣，是沒有建議劑量的，畢竟你不是單吃芒果當作三餐不吃其他的東西，因此沒人有辦法這樣幫你計算的，你不敢吃那就不要吃，沒人強迫你。

有什麼東西可以安心吃

「蘇醫師，自從知道懷孕後，又不經意的知道弓漿蟲對胎兒的危害，我就陷入對所有食物都很害怕的情況...因為弓漿蟲會在未熟的肉及被污染的蔬菜水果，所以我對外面的食物會疑神疑鬼的怕肉沒煮熟，怕蔬菜水果沒洗乾淨，連外食的麵裏會加的生蔥都很害怕，最近連自己洗的水果也不敢吃了。」

「蘇醫師，怎麼辦，懷孕後好多東西不能吃，再這樣下去覺得自己快得憂鬱症了。我家沒養寵物，我也幾乎都不吃生菜不吃生肉，連有包生菜的漢堡也不吃了，但會吃些水果，我每天都想說我到底有沒有吃到什麼不乾淨的東西，怎麼辦蘇醫師，我好焦慮！」

「蘇醫師你好，目前 21 週，請問青木瓜是否禁吃？謝謝醫師。」

蘇醫師答客問

　　我覺得這幾個問題雖然稍稍有點不一樣，不過本質都是相同的，因為在我的認知裡，都是陷入了一種恐怖的孕婦莫名焦慮症候群。

　　以前的人什麼都不知道，反正都沒關係，吃飽睡飽、安全生完下莊就是幸福，現在的人反而由於網路太發達，能輕易接收大量資訊，但卻難以分辨哪些是真的、可信的，哪些是胡說八道。

　　就舉第一個問題當例子，理論上吃生食當然有感染的風險，那你喝水會不會感染？呼吸會不會感染？其實都只是機率的問題。不然推

廣大家都住在無菌的空間裡好了。

少吃生食、盡量減低感染機會，絕對是正確的，這個原則完全沒有問題，但吃了又不是一定會感染，因此無須杞人憂天，盡量小心避免即可。如同我們知道去公共場所容易被傳染感冒，但總不需要週年慶去逛完百貨公司，回家之後就一直懊惱，擔心可能被傳染感冒該怎麼辦，這樣人生到底怎麼過下去啊？

至於第二個問題，我真的不太想多說些什麼了。今天談吃冰，明天就有鴨肉，講完鴨肉再來就有番紅花、番紅花講完就有青木瓜、青木瓜講完我相信一定還有薏仁、洛神、麻油、蘆薈、咖哩、木瓜、西瓜、芒果、螃蟹、龍蝦、獅子、大象、小白兔、皮卡丘、噴火龍、卡比獸、角落生物、彌豆子……一輩子討論不完。

把這些不能吃的食物加一加，正好孕婦只能吃白飯配開水，我如果告訴你水也會污染、白米也有可能摻重金屬，那行光合作用就好了呀。所以還是一句老話，高興就好。

鴨肉有毒母湯呷

「蘇醫師，我婆婆說吃鴨肉有毒，這是真的嗎？」

蘇醫師答客問

　　這個問題想當然爾我會回答：「這是鬼扯。」對孕婦來說，鴨肉並沒有毒，有毒的應該是薑母鴨裡面添加的米酒吧。

　　不過我很好奇，難道現在年輕一輩的同學，都沒有自行判斷事情和思考是非的能力喔？如果鴨肉有毒，那麼鴨肉攤的老闆一定覺得很無辜，因為他瞬間從一個老實生意人被搞成變毒販；如果鴨肉有毒，那我今天心情不好想自殺，一次狂吃個十隻烤鴨可不可以？（自殺不能解決難題，求助才是最好的路，求救請打 1995）不要再鬧了啦。

　　我比較無法理解的是，我深信說鴨肉有毒的那一群人，他們就是會告訴別人坐月子喝點酒應該是沒有關係的那群人，在他們的世界裡，孕婦喝到一點點米酒沒關係，但只要吃到一點點鴨肉就不行，因為鴨肉很毒？坐月子產婦的料理中每天都有米酒，然後吃到臉紅紅茫茫的還繼續餵母奶也沒關係？其實酒精反而最有關係（這部分後面會提到）。

　　面對這樣的邏輯，今晚沒喝酒的我也是醉了。

 荔枝也有事？

　　有誰可以告訴我到底哪樣水果是沒問題的？好像都有理由可以中鏢。呼吸有廢氣 PM 2.5、水污染也挺嚴重的、塑膠袋裝熱湯也不是太健康……但大家好像都不會擔心這些我認為比較嚴重的問題，反而天天擔心芒果荔枝芭樂火龍果水蜜桃杏仁薏仁能不能吃的問題，我之前在希臘想吃荔枝還吃不到哩，超懷念台灣美味的荔枝。

　　葡萄芒果西瓜荔枝水蜜桃哈密瓜火龍果帶刺不帶刺的、帶毛不帶毛的、冷的熱的、寒的燥的、吃到肚子一樣都是 37 度，剛剛好。基本上，食物只要自己吃了沒有不舒服，適量都沒問題。

　　關於網路上亂七八糟的鳥文章中提到的荔枝病，要嘛就是把一大堆不相關的東西硬湊在一起瞎掰，不然就是誇大其詞唯恐天下不亂。所謂荔枝病，是指在中國確實曾經有人提過的案例：幼童器官發育還不成熟，空腹時吃了大量的荔枝，因為果糖的關係讓胰島素大量分泌，造成嚴重低血糖。

　　關鍵字是：幼童、空腹、大量、罕見。但這是很少見很少見的狀況好嗎？結果被搞得吃荔枝就變成一種病。這個世界最不缺的就是沒有科學根據的話，世界很美好，生命不該浪費在這樣的事情上面啦。

來聊聊番紅花吧

　　每天我都接到很多訊息問我：蘇醫師，懷孕能不能吃這個 XX ？那個XX能不能吃？很多人都說XX不能吃，我不小心吃了會不會怎麼樣，我好擔心啊。這麼多提問中，有一個就是「番紅花」。

　　談到番紅花，常常就會牽拖到咖哩裡面有這個不能吃、西班牙海鮮飯裡面有這個不能吃。首先，我要說，你知道番紅花很貴嗎？最好是可以放很多，連有沒有放都不好說。

　　食物就是食物，即便這個東西可以拿來當作藥，但最重要的「劑量問題」就天差地遠。我們舉個最簡單的例子：或許有些人聽過「紫杉醇（Taxol）」，這是一種由太平洋紅豆杉的樹皮中，分離提煉出來的化學治療的藥物，萬一你很不幸得了某種癌症，又很不幸的需要用紫杉醇來做化學治療，你就每天照三餐啃紅豆杉樹皮如何？當然是沒有用的，主因就是劑量問題。

　　所以管你是川紅花、藏紅花或是番紅花，就算都可以拿來當中藥，我還是要講一個非常基本的概念，如果要拿它當作是個藥，那麼這個劑量跟你在食物中吃到的量，是差個幾千幾萬倍，光是番紅花可以拿來流產這件事，我個人本身就非常有意見了，誰硬要說這可以拿來流產的？那不然你把它準備好拿到我診間，我們就跟 RU486 來個大 PK 如何？

　　就算我非常非常非常勉強的相信你，那平常飲食中碰到的劑量，又是這個的幾千幾萬分之一，那你又要怎麼說勒？更何況你要用來流產都不會有效了，然後你要告訴我叫別人平常注意，懷孕都不要吃，那不要怪我真的會很想罵髒話。

懷孕吃冰寶寶氣管會不好

破除迷信人人有責，我決定我要站出來，向這些無時無刻躲在陰暗角落放箭的暗黑帝國份子宣戰！但破除迷信真的很難，在之前的文章中，我啪啦啪啦講了一堆、也經過激烈的討論與迴響之後，結果底下留言一個天真的媽媽還是問了：

「醫生抱歉，請問懷孕吃冰真的會影響寶寶氣管嗎？」

蘇醫師答客問

好可愛，還知道說抱歉，顯然這位媽咪有聽懂，只是對於自己的理解還不夠有自信，所以還是有點害怕。很好，我們有了好的開始。

關於這個問題所衍生出來的議題是叫做舉證責任：這樣的說法是否正確，應該要叫說的那個人提出證據，如果他說不出個理由，那你也沒道理相信，否則一人一句話，可是會把孕婦給淹死的。

不然如果我告訴你：吃白米孩子腦袋會不好、喝熱湯孩子腸胃會不好、吃青菜豆腐孩子運動能力會不好、吃肉孩子容易心臟不好，那難道真的什麼都不要吃餓死嗎？

我不懂吃冰還是喝冰水到底招誰惹誰了，一堆吃冰會經痛、會頭痛、會肚子痛、會白帶增加、子宮會長肥油、懷孕吃冰寶寶對氣管會不好的言論不斷重複，而且每次只要有專業人士跳出來說吃冰沒有什麼不好，就一定會有一些阿薩布魯的人跳出來嗆聲，拜託，請不要用

個人經驗或是自認為正確但其實完全經不起考驗的道理來指責別人好嗎？科學講求的是證據，沒有科學證據講話不要那麼大聲。

如果說吃冰媽媽的氣管會不好，或者說像我吃冰會頭痛，那或許還有那麼一點點道理，但如果硬要拗到寶寶，就不是那麼回事了。你用常理來想，你吃的冰進到胃中變成水，然後水分進到你的血流經過胎盤再給胎兒，那跟你喝水到底有什麼不一樣？

所以倘若你堅持再問這個問題，我會回答你；「我沒有看過這樣的相關文獻（當然不會有這樣的文獻），也沒有看過有關這樣說法的根據（一定看不到）。」如果你還硬要堅持隔壁阿姨是這樣說的，而你也覺得很有道理，那可能要請你隔壁生了五個小孩的經驗超豐富的阿姨提出研究證實，去證明有一百位吃冰的媽媽肚裡的寶寶氣管不好的比例，遠比另外一百位沒有吃冰的媽媽肚裡的寶寶氣管不好的比例要來得高，至於高多少才算統計上有顯著意義那就來用卡方檢定了。很繞口對不對？

就說了，學術沒有這麼簡單，我研究了很多年，刊登了超過兩百篇國際論文耶！我還得過國科會吳大猷先生研究紀念耶（驕傲貌），所以不要隨隨便便就想搶我們的飯碗，謝謝。

 愛吃冰會長肥油

　　是有這麼多人跟冰有仇喔？我自己也不愛吃冰，但也犯不著沒來由的就恐嚇別人都不要吃冰啊？我真心覺得這是教育的問題，台灣教育思辯能力實在是訓練不夠，所以才會讓這些無法經過科學驗證的謠言在網路上到處流竄，最煩的是還有人信。

　　我們來拆解一下，把網路謠言結構分成 A、B、C：

　　A 一張腹腔鏡的照片，裡面有子宮跟卵巢，是對的。

　　B 這個器官本來就會有油，是對的。

　　C 吃冰與否會導致長油？

　　正常的科學推論必須是 C=>A or B，但在這裡，A 跟 B 是陳述本來就存在的醫學事實，而 C 則跟 B 完全看不到因果關係，更甚，A 和論述根本無關，純粹硬扯。

　　要把這些東西扯在一起，至少需要證據，不然也引經據典把研究的出處放上來，如果你把一千位吃冰的孕婦和一千位不吃冰的孕婦來做統計，結果發現吃冰的真的都比較肥、子宮後面會出油，有統計上的意義，那我就信了，順便義務幫你寫成論文投稿到新英格蘭雜誌，否則將錯誤的連結、沒有根據的推論、全然的胡說八道，用一些似是而非的東西拼湊起來，叫做混淆視聽，我看你連子宮後面那坨黃黃長油的器官是什麼都不知道，這樣也敢隨便胡說！

　　要利用網路的力量推銷東西那是你的自由，但把不正確的訊息散播出去，我覺得這就很有事。

不喝酒就沒事嗎？小心看不見的酒精

在這本書中我不太想提太複雜的研究與理論，只是必須先聲明，在目前已知的研究當中，酒精對於胎兒的發育是會有非常不好的影響。不管是在懷孕當中，經由媽咪的血液通過胎盤傳給胎兒，或是經由哺乳傳給新生兒，酒精對於胎兒，尤其是對於腦部發育的影響，是絕對無法令人忽視的。

「蘇醫師蘇醫師，難道小酌不可以嗎？」我的回答會是：我真的無法精確回答你多少量一定會有問題，但總之就是越少越好。至於真的吃到了，也不用太過懊惱，之後盡量注意就好。

另外比較想要討論的是懷孕或是坐月子喜歡用酒當作補品這樣的習俗。你覺得用料理的方式把酒煮開就不會有殘存的酒精嗎？很抱歉，答案是不可能。許多研究早已經證實：不可能。

只要是以酒入菜的料理，基本上是不可能完全沒有酒精殘留的。不論你經過怎麼樣的滾煮燃燒，菜裡的酒精是不可能完全揮發掉的。根據美國農業部發布的數據，再怎麼樣都不可能是零，根據我找得到台灣相關的研究也是如此。我知道，說這些會讓許多人覺得很驚訝，但事實是無法被改變的，讓我們開始在這件事情上做一些改變吧。

坐月子，拜託不要把酒加進料理，不論是什麼樣的原因，這樣真的沒有比較好。

米酒水 OK 的，是嗎？

「記得醫師您說過媽媽不可以攝取酒精，我無意間看到這個
米酒水，雖然還沒生，但正在擔憂坐月子時會有無止盡麻油
雞出現。」

蘇醫師答客問

　　坊間標榜所謂孕婦專用的米酒水，上面標示得很清楚，其酒精濃
度為 0.51%，還註明是專供產婦坐月子用，但 0.51% 畢竟就不是 0%，
這應該沒有疑問吧？

　　不要再跟我說酒精經過煮沸會完全蒸發這種鬼話。我說過，若是真
的不小心意外喝到一點酒，媽媽也不必太自責，但你如果就是不信邪，
硬要鐵齒每天這樣搞，我真的會生氣餒，懷孕期間就是盡量不要攝取
酒精，不管濃度多少，都請跟酒說一聲謝謝再聯絡，OK？

到底懷孕可不可以吃生魚片？

　　很多孕媽咪問我：到底懷孕可不可以吃生魚片？其實答案應該是這麼說：生的東西，怕的只是增加細菌感染的風險，所以只要沒有衛生方面的疑慮，基本上是沒有問題的。

　　但至於衛生方面的考量，那就不是我們可以掌控的。不然你想想看，日本的孕婦幾乎離不開生魚片，難道他們感染的機會有比較高嗎？他們的孩子有比較笨嗎？所以答案不應該是在生魚片可不可以吃，而是著重在於衛生方面的考量。

　　食物當然煮熟的感染風險比較低，但除了生魚片、生菜沙拉、漢堡裡的生番茄、三明治裡的生黃瓜，也都是生食啊，只能說細菌感染是機率問題，不是生魚片的錯。

蜂蜜水與無辜的蜜蜂

媽咪問：「懷孕到底能不能喝蜂蜜水？」

我的答案是：「為什麼不能喝？」

但是反過來又有人要問我：「在待產時喝蜂蜜水有幫助嗎？」

我的答案是：「沒有幫助。」

乍聽之下，你會說蘇醫師言行不一、前後矛盾，一下說可以、一下又說沒有幫助，是怎樣啦？

按照你說的，中期喝了會滑胎、晚期喝了又會順產，那請問中期是多中期？晚期是多晚期？30 週算是中期還是晚期？我到底是會滑還是會順？拜託不要再鬼扯了，這是邏輯的問題。

大家看電視的時候，有時候會看到電視上有在廣告賣健康食品，都說吃了啥東西會怎樣又怎樣，講得口沫橫飛、天花亂墜好像亂有道理的。確實，科學實驗上有可能曾經證實某些成分是有某些功效，但有時候這些連結實在是很勉強，勉強到很想翻白眼，畢竟你到底要每天吃到幾百斤的食物，才會得到在實驗室中的結果呢？

我沒說不能吃，是因為既然是食物為什麼不能吃？但硬要問說「吃了一定會怎樣」，這就是兩件事了。蜂蜜水就是蜂蜜加水，為什麼不能喝？但有人聽信在懷孕中期喝蜂蜜水會滑胎、在懷孕後期會順產，那請問早期喝會怎樣？而且每天要喝多少的蜂蜜水才足夠？是要連續喝七七四十九天嗎？少一天行不行？稀釋的比例要多少？直接用湯匙吞純蜂蜜行不行？哪一種蜜蜂產的蜂蜜比較有效？早上喝還是晚上喝？飯前喝還是飯後喝？要一直喝還是斷斷續續喝？中間喝到很喘突然很想尿尿休息一下可以嗎？阿拉斯加五千公尺冰河上，沒有交配過的蜜蜂產的有比較好嗎？

不要再鬧了，以上都是鬼扯，我們醫學上不建議一歲之前的嬰兒吃蜂蜜，這一點是對的，因為以避免「肉毒桿菌素」中毒，蜂蜜製品也不建議讓一歲以下的寶寶食用，但這不是指胎兒，或許有人會穿鑿附會的說：「胎兒就是一歲以下，零小於一啊！」好像有道理對不對？那精子卵子算不算？不要再鬧了，這叫做知其然而不知其所以然。

　　我們所謂的「寶寶一歲以下盡量不要吃蜂蜜」，是有研究根據的，最主要是怕感染到肉毒桿菌孢子。那為什麼大人或一歲以上寶寶較沒有此疑慮呢？依據目前研究表明，因為成熟的腸胃道有益生菌叢的保護，所以不太會受到攻擊。

　　至於孕婦與胎兒呢？你知道胎兒在媽媽肚子裡面只能喝尿嗎？他吸收的養分是經過胎盤交換而來，可憐的蜜蜂被陰了，牠是無辜的啦。

等你長大再吃哦！

Honey

懷孕不能喝酒當然也不能吃辣？

「想請問醫師，一直有提倡不能喝酒這件事，本人因不愛酒，從孕期及哺乳皆無飲酒，但一直有婆媽說月子就是要喝雞酒，就算我提出醫師專業說明還是沒用，反而因為我很愛吃麻辣鍋被嗆說吃辣不是一樣？想請問吃辣對於孕婦或哺乳有影響嗎？謝謝。」

蘇醫師答客問

首先，喝酒跟吃辣這兩件事差很多好嗎？對於懷孕吃辣這件事，真的是不同等級上的問題。當然不可否認，辣很容易會造成腸胃道的不適，但大概僅止於此，至於對寶寶會不會有什麼危害，我還真的沒有聽過。

你是擔心吃辣之後，肚子裏的小妞會變辣妹、還是兒子之後個性會太嗆辣？如果擔心吃辣會對寶寶造成什麼不好的影響，除了可能讓媽咪的腸胃道不舒服之外，還真的想不出有其他可能的危害。

不過我想說的是，如果你跟我一樣，吃太辣就會狂拉肚子腹部絞痛，而你還堅持要吃，那根本就是自己找死，誰也救不了你，但如果不會，那你到底是在擔心個什麼東西啦。

我有○○○的問題 吃ＸＸＸ有幫助嗎？

「醫生您好，我想請問有多囊性卵巢指數偏高，一直都沒有受孕，可以吃肌醇或月見草油幫助懷孕嗎？」

蘇醫師答客問

常常會接到類似的問題：「我的寶寶腿骨比較短，吃鈣有幫助嗎？」、「我的寶寶比較小，多吃一點有幫助嗎？」其實我也很想寫信問網路上的命理老師們，我最近手頭有點緊，去廟裡拜拜喝個符水有幫助嗎？

我比較好奇這些想法和觀念到底是哪裡來的啊？我覺得人類是一種很奇妙的動物，有時候很喜歡把簡單的事情複雜化，有時候又很喜歡把複雜的事情簡單化。我甚至不清楚你月經有沒有不規則，指數偏高我也無法知道你指的是什麼指數偏高，多囊性卵巢症候群是一個多面向的問題，治療的重點要根據個人的需求，如果你的重點是要懷孕，那當然就是要先搞清楚有沒有排卵、是不是這個問題造成的、有沒有別的因素在干擾。因此在尚未釐清這些之前，就一股腦地把它簡化成「是不是要吃 XX 或是 XXX 或是 XXXX ？」

你敢這樣問，我還真不敢這樣隨便回答你。

如果你是排卵上出了問題，你覺得有可能吃個月見草油就搞定，試試無妨，而且到處都買得到，最多沒效，自己鼻子摸摸認了，那幹麻問我咧？反正如果是你自己隨便決定想要吃的，到時你的問題沒解決，

都不會是營養品的錯，但如果我隨便回答你，那就會變成是我的錯了。

　　就像有時也會有先生問我：「我有精索曲張精蟲數嚴重不足，控制飲食多運動會不會好啊？」這位大哥不要再當鴕鳥了，請面對一下現實好嗎？營養補充品不是藥物，雖然在某些很特殊的情況之下，它可以補足你身體健康需求上的不足，確實有治療的效果，例如維生素B1缺乏會引起腳氣病、維生素C不足會引起壞血病、維生素A缺乏導致夜盲症、維生素D缺乏會造成佝僂病等等，這些大家都知道，但在絕大部分的情況之下，當你身體已經發生了某種問題，尋求專業醫療的幫助、釐清原因並給予適當的處置，才是合理的做法，自己以為多吃個什麼東西就會好，或是避免吃些什麼東西就會好，甚至是當個鍵盤手「自食其力」搜尋網路上來源不明的醫療建議，不僅只是想太多，還會延誤治療時機。

要吃珍珠粉小孩皮膚才會白？

> 「蘇醫師您好，我媽媽一直很擔心我老婆生出來的寶寶會比較黑，所以買了一大堆珍珠粉跟維他命C的東西要給我老婆吃，請問這樣是有用的嗎？」
>
> 「蘇醫生您好：請問懷孕吃珍珠粉寶寶的皮膚會變白嗎？」

蘇醫師答客問

　　老實說我真的很訝異，這種問題在 21 世紀還會繼續存在，而且明明說過了，還是有人會鍥而不捨地繼續追問，那我只好也鍥而不捨地再次回答了。

　　「吃珍珠粉寶寶會比較白」這句問句中，有兩個層次的問題：

　　第一，大家的觀念都還是覺得白就是美、白就是好，這不在我討論範圍內，且老實說，我也沒有能力去改變這種既定的奇怪觀念；第二，你為什麼會相信吃珍珠粉寶寶的皮膚會變白呢？上一胎喝牛奶豆漿結果寶寶膚色一樣黑，所以這胎想改試試珍珠粉，如果還是沒效，下一胎再來試試看喝白色油漆好了。

　　請問你自己吃了有變白嗎？如果沒有，那憑什麼寶寶就會變白？你吃巧克力、喝咖啡皮膚就會變黑嗎？黑人吃珍珠粉皮膚就會變白嗎？還有人說，懷孕期間來不及吃珍珠粉沒關係，寶寶出生之後，把珍珠粉加在牛奶裡面也可以。

　　這種話為什麼會有人信，我真心不懂，所以你吃豬腦補腦就會跟豬一樣聰明，是這樣的意思嗎？

懷孕可以喝甘蔗汁嗎？

「想請問懷孕可以喝甘蔗汁嗎？有人說喝甘蔗汁胎兒生出來會黑。」

蘇醫師答客問

這個起手式就不對，不過就喝個甘蔗汁，食物哪裡來什麼可以什麼不可以的啦？我也不知道為什麼會這樣，反正說法很多種，但其實不過就喝個甘蔗汁，哪來這麼多禁忌？

各位同學，之後誰再說吃什麼東西寶寶會變黑，不管是咖啡、紅茶、巧克力、黑糖、甘蔗汁還是黑天鵝、烏骨雞、台灣黑熊都一樣，我直接翻臉。還有，我也不懂「養胎」是個什麼概念，我做了這麼多年的產科醫師，沒聽過有哪種仙丹可以有這種效果，最好是吃個什麼東西或不吃什麼東西，就能保證寶寶百病不侵、頭好壯壯，有這種東西的話，早就得諾貝爾獎了。

其實只要身心靈放輕鬆、均衡飲食、保持適當運動，媽媽健康，寶寶就 happy，其他事情就交給醫師吧。再來還有一句常見問法：「蘇醫師，我的醫師說我的寶寶比較 OOXX，我擔心寶寶會 XXOO 耶怎麼辦？」OOXX、XXOO 請自行帶入任何你想得到的字眼。

我知道你一定會擔心，但你問我擔心怎麼辦？我真的沒辦法，我只能建議你醫學上該如何處理，但我真的不知道如何在網路上治療你的擔心，畢竟線上心靈輔導並非我的專長，我只知道，人生要勇敢面對。

懷孕不可以吃咖哩嗎？

「蘇醫師，請問懷孕不可以吃咖哩嗎？我朋友看到我在臉書上 PO 咖哩的照片，很激動地打給我，跟我說為什麼我正在懷孕居然還敢吃咖哩。蘇醫師，請問懷孕不能吃咖哩嗎？感謝蘇醫師解惑。」

蘇醫師答客問

請問孕婦吃個咖哩是會怎樣？路人在激動什麼？印度人口那麼多是怎麼來的？難道印度的孕婦都不吃咖哩嗎？

你可以偏執、可以活在你自己的世界、可以有自己的信仰，這些我都懶得理會，但請你不要影響別人好嗎？常常他人自以為是的好心，其實很白爛也很無知，這不能吃、那不能吃，難道是要逼孕婦行光合作用？！

這些莫名其妙的孕婦飲食禁忌大全就是情緒勒索，千萬母湯喔，孕婦不需要活在無謂的緊張與不安中。

CHAPTER 3
懷孕迷信，惡靈退散

從小兒麻痺症的故事談疫苗施打

　　一直以來，網路上都有許多關於施打疫苗捕風捉影真假難辨的訊息，我知道很多人心裡還是怕怕的，一般民眾寧願被動地讓自己處於風險中，也不願主動去冒「自己覺得」未知的風險，合理，這是人之常情，我可以理解。

　　所以來跟大家聊聊有關醫學的故事，就從小兒麻痺開始吧。

　　你知道嗎？我快 55 歲了，這個疾病是許多年齡比我長的人心中永遠的痛與夢魘，在我們身邊一定有遇過這個疾病的受害者。至於年輕一輩的朋友，或許會覺得這個疾病離你好遙遠好遙遠，沒有什麼關聯，但這並非病毒自然消失，而是前人共同努力的成果。

　　小兒麻痺，又叫「脊髓灰質炎」，是一種高度傳染的疾病，會攻擊人體的神經系統導致癱瘓甚至死亡，最常襲擊的對象就是五歲以下的幼童，算是人類有記載以來很古老的疾病之一。在古埃及就有罹患跛足法老的壁畫，而在現代都市化之後，由於人口更加集中，因此就演變成是一種流行性的疾病。

　　在 1950 年代以前，在全球人口集中地區開始不斷造成流行性大爆發，台灣自然也不例外，而這種情況是直到小兒麻痺疫苗的出現，才產生了巨大的轉變。台灣當從 1960 年代開始引進小兒麻痺疫苗接種後，患病人數逐年減少，但很不幸在 1982 年又爆發一次全島大流行，根據官方報告的 1,000 多例病例中，絕大部份都是未接種口服小兒麻痺疫苗者。

　　直到幾十年後的今天，我們在台灣幾乎看不到這個疾病了，且由

於疫苗的推動，全球僅剩極少數的幾個國家有零星案例，人類對抗小兒麻痺的戰爭也許在這幾年就會畫上休止符。

這是一個集體保護概念，經過多年努力，小兒麻痺似乎快要絕跡了，但許多其他疾病我們仍在努力。說實話，我非常痛恨與鄙視那些對於疫苗陰謀論不負責任沒有根據的散播者，你自己不接受我懶得理你，但散播不實言論試圖影響其他善良的人，我覺得跟殺人犯沒兩樣。

疫苗是這樣的，大家共同築起一座城堡，一旦城牆有個破口，那就再也不能說不關你的事。還是老話一段，如果你沒打疫苗又僥倖逃過，也千萬不要太過得意，認為施打者都是傻子，更別覺得自己能一直洪福齊天或百毒不侵，其實就是我們這些傻子保護你的。

千萬不要霧眉和染燙頭髮嗎？

「蘇醫師，孕婦可以去繡眉、霧眉、紋眼線嗎？我現在 34 週，朋友要我生產完，而且停餵母乳後再去做這些。可是媽媽我也想要美美的啊！！！既然都可以染髮了，那這些應該也可以吧！！！是不是～是不是～是不是！！！那到底為什麼以前人都會說，孕婦不可以染頭髮、不可以燙頭髮、不可以 ooxxxxoo 的一堆不可以！！！」

蘇醫師答客問

這位媽咪，你很憤慨你很激動喔。冷靜一下，我們不是為別人而活的，隔壁那位生了五個小孩都念到博士、超有經驗的阿姨不只告訴你不可以染髮、不可以繡眉、不可以燙頭髮，還會告訴你：「你肚子很低耶，小心早產。」、「你肚子很小耶，小孩出生會很難養。」、「你肚子很尖，一定是男的吼。」、「外面空氣很髒，盡量不要出門。」

請冷靜一下，你不需要為了隔壁那位生了五個小孩都念到博士、超有經驗的阿姨，而搞到整天關在家裡喝白開水搞自閉。

先來談談染髮好了，染髮化學藥劑盡量不要碰，這是基本常識大家都知道，但現代社會充斥著太多的人工化學物質，連出去街上多吸幾口空氣都會有 PM2.5，難道要我們都不要呼吸？

所以我覺得這不是好不好的問題，而是有多不好的問題。確實這些化學的東西都有疑慮，大家用肚臍眼想也知道用多了對身體不好，這沒什麼好爭辯的，但是並不是一碰到就非死即傷，畢竟它們不是像

核能輻射那種讓人避之唯恐不及的超級危險物質。因此，重點還是在於劑量。因為經由皮膚吸收的劑量是很有限的，而且我們又不是整天在染劑化學工廠工作，這樣的暴露量其實無法被證實對健康有疑慮。

目前沒有任何科學證據顯示市面上合格的染燙髮產品會對胎兒造成影響，不過確實有研究顯示，在動物實驗下長期暴露這類高劑量的化學藥劑，有致癌的風險，但那也是媽媽自己的風險不是寶寶，且那需要非常大量，再者這只是動物實驗，還並未在人體上被證實，最重要的是這跟懷孕沒關係。

大家反倒要注意的是紋繡相關事情的感染風險，畢竟跟刺青一樣有接觸針頭，那衛生的疑慮就是要考慮的重點，而非染劑。

哺乳期間染燙髮及草莓奶二三事

「蘇醫生你好，想請問正在哺乳中的媽咪可不可以燙染頭髮，上網爬了一下文，有人說有關係，有人說沒關係，還有看到網路說染完頭髮，母奶變粉紅色，覺得很可怕……」

蘇醫師答客問

　　看起來大家對於燙染頭髮還是很有意見，先在這裡嚴正聲明，我沒有開美髮店、我家裡也沒有人開美髮店、甚至我的好朋友也沒有人開美髮店，所以我並不需要為燙染頭髮護航，科學上有幾分證據就說幾分話，這是我一貫的原則。

　　無論在哺乳期間或懷孕期間都一樣，適量的染燙髮是沒有關係的，當然，化學品持續長期暴露還是有健康上的疑慮，但絕對不是「一旦碰到了，我的寶寶就會智能不足」這種程度。

　　其實我一直很好奇，你們這些懷孕的，都擔心胎兒會怎麼樣，但沒有懷孕的時候，怎麼都不會擔心自己會得到膀胱癌啊？一定是要懷孕了才會擔心喔？奇怪了咧？根據我查得到的最新文獻，基本上染劑容易導致膀胱癌的說法，也是無法被證實的，只是我就是替膀胱癌覺得很不服氣，為什麼這麼不受重視啦，但如果你還是很擔心腦波還是很弱，不染髮當然也不會怎樣，重點就是千萬不要因為染髮然後在那邊瞎擔心、後悔莫及，這實在就多餘了，畢竟人生不需要一直在鬼打牆的悔恨輪迴中度過。

我沒有鼓勵大家多去染燙髮，只是要傳達這不是十惡不赦的行為，且堅決反對威脅別人說，如果孕婦染髮，就會怎樣的莫名其妙言論。這種說法根本不負責任、完全的胡說八道，標準的唯恐天下不亂，但如果你還是不相信堅持不要染髮，我當然沒有意見，你高興就好。

　　再來問題又來了，「染完頭髮母乳會變成粉紅色的」，所以你要告訴我，染完頭髮流汗也會變成粉紅色的？應該不會吧？我們所謂的草莓奶，跟染頭髮是屬於平行時空，草莓奶一般是由於乳頭或是乳暈的微小傷口出血所造成，當然還有一部分是由於乳腺炎所造成，一般讓寶寶繼續喝都是沒有問題的喔！

孕期不要隨便運動

關於運動，很多人都會問我：「蘇醫師，我可以做運動嗎？我該做什麼運動呢？運動量可以多大呢？一天要運動多久呢？游泳可以嗎？跑步可以嗎？瑜珈可以嗎？騎腳踏車可以嗎？」

聽說小威廉斯打澳網拿金牌的時候，就已經懷孕 8 週了呢，當然這不是每個人都做得到的，神人等級必須一拜。畢竟被孕婦扣倒實在是很嘔餒，不過人生就是這樣啦，沒辦法人家 94 狂。

但反過來說，誰規定懷孕就只能乖乖躺在床上不能亂動呢？人家在場上高速左右跳還不是好好的？因此我必須說，動不動就說要安胎這個觀念實在是害死許多人，當你是在養豬嗎？

當然，在某些特殊情況之下我們還是必須特別注意，至於哪些情況，麻煩跟你的醫師確認，但在正常情況下，孕婦當然能夠適當的運動，至少小威就證明給你看了啊。因此答案應該是只要你沒有不舒服，任何的運動都可以嘗試；反過來說，一旦你覺得不舒服，請你立即停止。

除非醫師告訴你，你有不適合運動的禁忌情況，譬如前置胎盤、有早產疑慮等等，否則一般情況下，若你本來就有運動的習慣，可於懷孕後先稍稍減緩，然後再慢慢加強。管它是浮潛、跳傘、游泳、騎自行車、跑步、瑜伽、壺鈴、重訓、踩飛輪、射箭、騎馬……說實話運動種類這麼多，也不可能有這麼多的科學研究告訴你到底好或不好、可以不可以，重點在於你個人是否會感到不適，若有疑慮就不要從事那些運動，運動不是拼命，更不要固執到覺得一定不可以，一切都視個人的身體適應力。

適當的運動對懷孕過程絕對是重要的，運動可以維持適當的新陳代謝率、維持適當的心肺功能、維持健康的身心靈，只要沒有特殊的問題與禁忌，適當的運動絕對比你整天無所事事，只敢躺在床上執行你所謂的安胎要來得好上許多。

當然，運動本身的安全性很重要。這裡沒有要討論騎自行車會不會跌倒受傷，或是騎馬摔下馬背肋骨會不會斷的問題，請改從事安全係數高的運動。倘若你本身沒有持續運動的習慣，然後你現在想要去跑馬拉松，或跟小威一樣立志打澳網，只能說請你務實些，找一個可以持續的簡單運動。

不要說你沒時間運動，比我更忙的人應該不多，但我也是身體力行，一個星期至少抽出三到四天來運動，雖然常常是半夜，但我做得到，訣竅很簡單：慢慢增加、量力而為，但別給自己太多懶惰的藉口，動起來就對了。

 懷孕 x 運動

運動在懷孕期間真的很重要，而偏偏許多女性同胞在懷孕前其實就不太喜歡運動，常有人跟我說：「蘇醫師，這次我好不容易成功懷孕，家人和朋友都叫我要好好休息安胎，不要亂動。」當然有某些特殊狀況不適合運動，但絕對不是你自己或是三姑六婆想的這樣。在沒有特殊禁忌的狀況之下，適當的運動對大部分的孕婦都是非常重要的。因為我再怎麼說要運動，還是有人不太鳥我，以下是美國婦產科醫學會 ACOG (American College of Obstetricians and Gynecologists) 於 2017 年發表關於孕期運動文章的重點：

一、懷孕時可不可以做運動？

　　當然可以，只要你本身是健康的，而且目前懷孕狀況都正常，大部分的運動都可以做，而且不會增加流產、早產及胎兒發展遲緩的風險。

二、懷孕做運動有甚麼好處？

　　好處多多，可減輕腰痠背痛症狀、減少便秘、降低妊娠糖尿病、子癲前症、剖腹產風險，幫助孕期體重控制、加強心肺功能、幫助產後快速瘦身等。

三、什麼情況下我不適合作運動？

　　1. 本身有嚴重心肺疾病

　　2. 子宮頸閉鎖不全或是做過環紮手術

　　3. 雙胞胎或多胞胎等有早產風險的情況

　　4. 26 週以後仍有前置胎盤者

　　5. 有早產跡象或破水

6. 子癲前症或妊娠高血壓

7. 嚴重貧血

四、怎樣是適合的運動量？

一週共 150 分鐘的有氧運動，可分成每次 30 分鐘，如果平常沒在運動的人，可從每次 5 分鐘開始慢慢加量，而若本來就有運動習慣的人，保持原本運動量即可，但如果體重有減輕的情況，就建議要增加熱量攝取。

五、運動的時候要注意甚麼？

補充水分很重要，避免脫水情況發生，然後還要避免身體過熱的情況，尤其在第一孕期，建議多喝水，穿著排熱排汗良好的衣服，在有空調的地方運動，或是不要在過濕或過熱的天氣下在戶外運動。

六、什麼運動適合孕婦做？

1. 快走

2. 游泳

3. 健身房踩腳踏車

4. 孕婦瑜珈或皮拉提斯

七、什麼運動不要做？

1. 可能會撞到肚子的運動：例如拳擊、足球、籃球

2. 容易跌倒的運動：例如下坡滑雪、衝浪、滑水、體操

3. 可能會讓你體溫過高的運動：例如熱瑜珈、熱皮拉提斯等

4. 壓力過大的活動：例如背氧氣筒深潛

5. 爬山爬超過 6000 公尺以上

八、運動到一半發生什麼事我要停止？

1. 陰道出血

2. 頭昏目眩

3. 還沒開始運動就在喘

4. 胸痛

5. 頭痛

6. 四肢明顯無力

7. 小腿疼痛或腫脹

8. 規則且會痛的子宮收縮

9. 陰道有水狀分泌物

以上給大家參考。

資料來源為 ACOG(The American College of Obstetricians and Gynecologists)

 孕期體重控制

　　我很討厭那些沒來由的流言，尤其是那些什麼要多吃什麼不能吃，搞得大家人心惶惶，但是也不可以就因此肆無忌憚的大吃特吃，即使沒有什麼一定不能吃、也沒有什麼吃多了就非常好，但重點就是：懷孕千萬不要吃太胖！

　　我發現，我們醫師會在乎孕婦不可以胖太多，但是大多數人卻不是那麼在乎。每次在門診告訴孕媽咪：「你這個月胖太多了喔。」經常換來一個無辜只看得到眼白的臉，配上一句：「沒有啊！我都沒有吃什麼耶？」、「奇怪，我昨天在家量都還好啊！」、「蘇醫師你們家醫院體重計有問題吧？」（我們家體重計很可憐常受委屈耶）或是「哎呀，我剛剛吃飽啦！」（你最好剛吃下兩公斤的晚餐），或是裝傻的給我來個傻笑再加一句「有嗎？」真的不要再裝了，你旁邊的老公都在搖頭憋笑。

　　懷孕中期以後口慾好是正常的，但控制一下，不然生完你就知道減肥很貴的。有孕媽咪跟我說：「我媽說吃多一點，小朋友才會健康頭好壯壯啊！」首先你媽媽不是婦產科醫師，而且孕婦胖的多不等於小朋友比較健康，況且若寶寶長得比較重，你確定你生的出來？如果你懷孕胖 25 公斤，結果小朋友出生只有 2,500 克，我覺得你會想要撞牆。

　　媽媽胖多不等於寶寶比較重、媽媽胖少不等於寶寶比較輕；寶寶比較重也不代表比較健康、寶寶比較輕也不代表比較不健康；寶寶比較重真的沒有比較厲害、媽媽胖太多更是絕對沒有比較厲害。

再來，寶寶較重時，生產吃全餐的機會和肩難產的風險也較高，反倒是出生的週數跟成熟度，是比重量來得更重要的事。綜合來說，我沒有叫孕婦不要吃，只是要吃得好、吃得健康、吃得均衡，熱量攝取也要控制好，再配合運動。

　　當然還有一句老話，懷孕一定是要開心。建議歸建議，醫學準則是死的而人是活的，每個人情況不同，如果你真的做不到，天也不會因此塌下來。

　　到底孕期體重控制的標準是什麼？一般來說，第一孕期總體不宜增重超過 2 公斤（越少越好，減輕也沒關係，替自己留點兒後路）；第二孕期一個月不宜超過 1.3 公斤（還是越少越好啦）；第三孕期一個月不宜超過 1.5 公斤（儘量啦）；整個孕期以增重不超過 12 公斤為原則喔。

孕期使用保養品易產過敏兒

「蘇醫師您好，再次打擾了，我想詢問孕期使用的保養品沐浴乳是否要選擇未含防腐劑的產品呢？網路眾說紛紜，我一開始不知道，用到現在已經懷孕中期，在您的文章中未查詢到相關資詢，可以瞭解蘇醫師您的看法嗎？謝謝您。」

蘇醫師答客問

關於這個問題，許多網路報導會提到關於化妝品防腐劑會致癌之類的訊息，造成了很多人的關注與困擾，其中也包括我，因為我常常被這樣的問題騷擾。

但事出必有因，無風不起浪，過往曾經有這樣的研究發表和外媒報導，而由於其研究方法有許多問題與瑕疵，後來被證實研究結果是不正確的。不過許多事情就是這樣，一旦消息被渲染出去，即便之後再澄清想還他清白，也是枉然，結論是防腐劑的有無只是這類產品的其中一項成分，並不會構成健康上的疑慮，也不需要因此把它當成選購此類產品的指標，更不需陷入商家的宣傳迷思。

孕期愛愛會害寶寶

以下一次門診對話：

我：「很好，寶寶發育都很正常，下次一個月後再回診就可以喔。」

他：「呃……蘇醫師，我還有一個問題。」（一直在旁邊若有所思的先生發問了）

我：「請說。」（大概停頓了有一個世紀後，下個世紀來了）

他：「我 - 可 - 以 - 跟 - 我 - 太 - 太 - 那 - 個 - 嗎？」（小小聲）

現在來聊聊孕期行房。其實行房還是必要的啦，不然到時候萬一憋太久，小孩生出來老公跑了，這才是得不償失。

我給你有用的建議就是：不要太激烈、沒有不舒服即可。如果你都不舒服了還要繼續，那我也沒辦法救你。另外，建議配戴保險套，可以避免精液物質刺激子宮收縮；至於前三個月和後三個月也需格外注意，這是通則，但在沒有不舒服的情況下也沒有一定要特別避免。但若有早產跡象、流產病史或是前置胎盤等等特殊情況還是要避免，記得跟你的產檢醫師確認一下。

至於在坊間傳說是否能行房的一大堆怪理由，例如新生兒會有脂漏性皮膚炎，或是新生兒青春痘，是因為懷孕期間夫妻間有愛愛；更誇張一點的有說：我寶寶出生時頭歪七扭八，婆婆就罵我懷孕的時候難道不能多忍忍，不要那個嗎？那是生產過程的產瘤，屬於正常現象好嗎？

還有，更驚悚的來了，有人問我：「有人在媽媽社團說，用老公的精子擦肚皮可以防止妊娠紋，這是真的嗎？」我就想問一句：「真的不怕你老公精盡人亡嗎？」不要讓全世界的人都驚呆啦。

來聊聊異位性皮膚炎

　　只要你懷孕，我相信很多人都會給你下指導棋：「要吃什麼、喝什麼、不要吃什麼、不要喝什麼，不然你的寶寶很容易會過敏。」很奇怪，大家都不關心媽媽本身會不會過敏，只擔心肚子裡的寶寶會不會過敏，這差別待遇會不會太明顯啊？

　　首先我先告訴你，皮膚過敏是體質的關係，跟飲食無關。不服氣？那我就試著用科學的角度來回答你。

　　孕期過敏有一個觀念很重要，如果你吃香蕉橘子芭樂芒果鳳梨奇異果龍蝦螃蟹會過敏，那是因為你本身的體質就是對香蕉橘子芭樂芒果鳳梨奇異果龍蝦螃蟹過敏，並不是因為吃了才讓你變成過敏體質。

　　在科學上，因果關係是很重要的，你吃香蕉橘子芭樂芒果鳳梨奇異果龍蝦螃蟹會過敏，那是你沒有口福。

　　這就是人生。

　　至於說，懷孕的媽咪吃香蕉橘子芭樂芒果鳳梨奇異果龍蝦螃蟹等等，會讓肚子裡的寶寶變成過敏體質，我必須說這也實在扯太遠。

　　皮膚醫師蔡昌霖表示，異位性皮膚炎過敏基因檢測是針對寶寶過敏的基因檢測，只要用棉棒輕刮寶寶口腔即可採樣檢查，3 週內完成高風險過敏基因報告，偵測率達七成，有效降低寶寶 50% 以上的發病率。

　　用貼心懶人包幫大家整理一下觀念：

- 異位性皮膚炎是常見的一種兒童慢性皮膚疾病
- 根據統計，有近三成的人有過敏體質
- 症狀包括過敏性鼻炎、氣喘和異位性皮膚炎

- 異位性皮膚炎和基因遺傳高度相關
- 基因檢測則是及早確診、預防和治療的最佳利器，可減少 50％以上發病率

　以上這些，都跟媽咪懷孕時吃香蕉橘子芭樂芒果鳳梨奇異果龍蝦螃蟹沒關係，謝謝。

懷孕不能參加婚禮

　　「新娘見到雙身人，一輩子生活不順利，或至少三年以上才能懷上寶寶。」說實話，我真心認為這種迷信實在是種很令人無言的行為，你知道胚胎著床多久之後才驗得到懷孕嗎？如果你真的很堅持，那我就要問一個科學上的問題了，難道我不知道我懷孕就等於我沒懷孕嗎？一般情況下，胚胎大約要著床十天之後才會驗得到，因此驗孕驗不到，不代表沒懷孕。

　　如果你的信仰這麼堅定，那麼你就在你喜帖裡清楚的寫：懷孕都不准給老娘來參加；或是我建議你這輩子根本不要辦婚禮，因為你永遠沒有辦法確定所有人在參加你婚禮的時候都是沒有懷孕的。這是科學問題，即便你規定在婚宴會場門口發驗孕棒，一發現驗到懷孕就通通不准進來，那還是會有人偷偷地混進來了呢！

　　清醒一點吧！人生，常常不是你想的那麼簡單啦。

懷孕三個月不能說

為什麼習俗都告訴我們懷孕三個月以前都不要說呢？你一定又要問我，蘇醫師，這應該又是無稽之談吧？不過關於這件事情，我必須說，這種說法確實有一定的道理在。我認為這無關迷信，而是一種對於人生不確定性的敬畏。

關於早期流產，數字會說話，統計上大約有三分之一到五分之一的胚胎，在 12 週內，也就是三個月前會自然淘汰掉。

有一位孕媽咪令我印象很深刻，她早期懷孕九週進來門診，眉頭深鎖：「蘇醫師我出血了，會不會又跟我上次胚胎萎縮一樣？怎麼辦？」我趕緊幫她做了超音波檢查，還好胎兒一切正常，我趕忙安撫她：「沒事沒事，不要緊張。」但即便是這樣，我看她全程還是一直不斷的在發抖，實在是令人不捨啊。

所以在真實的世界中，若你太早告訴別人你懷孕，而你又不幸在滿三個月之前流產了，接下來的日子遇到朋友不間斷的關心，那就是一次又一次的錐心之痛，當然，至於對誰該說、對誰不該說，就得自己拿捏喔。

在情感上，懷孕三個月內盡量低調不要公布，也盡量不要揭露人家早期懷孕的訊息，多給些體諒、多留些空間、少給些壓力，我想，這會是件很貼心的事。

以型補型行不行

「吃醬油胎兒會變黑、吃珍珠粉會變白？」

針對這些以型補型的神奇傳說，我真的是覺得很無奈……各位，很遺憾的，我必須說，Michael Jackson 不論是得白斑症或是謠傳的努力漂白了這麼多年，終究，還是改變不了他黑皮膚的事實。這樣有回答您的問題了嗎？

關於以形補形，我聽過很多如「我婆婆說我兒子捏人很痛，是因為我懷孕的時候吃螃蟹！」、「多吃烏賊就能有一肚子墨水。」、「吃袋鼠肉乾，寶貝應該會變成很棒的拳擊手。」其實仔細想想，這類言論在大家的生活中很容易出現欸，幾乎是無辜孕婦的日常了，過去我真的傻傻的不知道，為什麼有這麼多人在門診要一直問我：我可以吃香蕉鳳梨芭樂咖啡紅茶醬油珍珠粉龍蝦螃蟹猴子河馬獅子長頸鹿大象嗎？

吃醬油會變黑、吃珍珠粉會白、喝咖啡會黑、喝牛奶會白、吃芒果皮膚會不好、吃香蕉會軟啪啪、吃芭樂會硬綁綁、喝紅茶不行會黑，但加奶變成奶茶就可以，因為中和了！？吃青蛙就很會跳、吃羊肉會羊癲瘋、吃兔肉會兔唇、吃牛肉會有牛脾氣、吃雞爪會撕書、吃蝦會變瞎子、吃冰的氣管會不好、蝦蟹會過敏、西瓜太涼、火龍果太寒、奇異果有毛、木耳會生黑小孩……

那懷孕什麼都不要吃好了，坐月子還不能喝水咧。也有同學舉手發問：「我都看歐美系列，我兒子也沒有 30 公分咧？」看來要像個人，只能吃人肉了……

我需要擔心微波爐嗎？

「蘇醫師您好，不好意思……這麼晚打擾你……是這樣的，今天因為要寄物品所以到 7-11 操作 ibon，在那用了好幾分鐘，後來突然驚覺店員有在使用微波爐，而且竟然就在我身旁不到幾公分的距離，想請問蘇醫師這樣有關係嗎？目前大約 31 週了……」

蘇醫師答客問

我相信很多人都會擔心，也常常會聽人家說要小心微波爐、要閃遠一點，不然會胎兒畸形，這樣的觀念根深蒂固，搞得很多人就像這位媽咪一樣，不小心旁邊有個微波爐在使用就嚇得魂飛魄散，開始擔心我的孩兒怎麼辦怎麼辦怎麼辦……雞雞會不會太小、以後會不會不聰明、會不會長不高等等一大堆怎麼辦？

真心覺得太超過了，可以小心，但不必過度擔心。根據目前的科學相關研究，直至現在，並沒有任何證據發現微波爐會對懷孕造成不良影響，當然，即便沒有證據，對於電磁波的輻射我們仍然還是存有疑慮，此項疑慮非常合理。

因此無論是否懷孕，美國食品藥品監督管理局（FDA）對於微波爐使用的建議如下兩點：

1. 不要在微波爐的門沒有關緊或是沒有密封的狀態下使用微波爐

2. 盡量不要在微波爐工作的時候靠在它旁邊

白話一點的意思就是盡量不要，但不小心遇到了也不一定會怎樣。能閃就閃，但萬一不小心閃不掉也不必太過驚慌，記得使用的時候把微波爐的門關好，沒有關好先會被煮熟的是你自己，而不會是你肚子裡的寶寶。

 胎神來了

　　人是脆弱的，有信仰無可厚非，如果有一些寄托，來撫慰忐忑不安的心，說實話不是什麼太壞的事情。

　　在過去沒有超音波的年代，是不是雙胞胎，沒等到生產那一刻還真不一定知道，話說我的阿姨當年就是生完一個之後，醫師才恭喜她肚子裡還有另外一個，大家都覺得好 Surprise 好嗨，但同樣事情如果發生在現在我的門診中，我招牌還沒被拆那才奇怪。

　　如果你真的那麼相信你的信仰，萬一生產不順利出了什麼意外，為什麼動不動就要先怪罪醫師或者上媒體討公道？你為何不好好檢討一下你到底是哪裡得罪了你的胎神？是不是拿了剪刀？被拍了肩膀？還是動了你的桌子咧？沒事讚嘆胎神、有事靠北醫師，好悲催啊。

　　例如你堅信打麻將一定要穿紅內褲，如果這樣你就是覺得自己造型很棒很舒暢，那心態沒問題，但是如果是為了贏錢還真的有效的話，那賭神就換你做！而且如果四個人都穿紅內褲怎麼辦？那誰來贏錢？

　　因此在過去的時空背景，那些奇奇怪怪的禁忌，其實是基於對於未知的恐懼，做某些動作或是不做某些事都是一種儀式、代表自己很在乎與敬畏，以祈求獲得好運。不過到了 21 世紀，你還繼續堅持這些習俗或傳言，搞得自己心神不寧神經兮兮的，我也沒辦法。

　　其實我想在醫院門口蓋個胎神廟，當個廟公，不會被告、不必繳稅、沒人敢招惹我，想到我就興奮起來，挺不賴的。

孕婦不能泡溫泉

「蘇醫師，不好意思想請問一下，因為左手之前開過刀復健需要熱敷，在家裡都用電毯包著手，想問電毯的使用是否會對胎兒造成影響呢（輻射之類的）？」

「蘇醫生你好，打擾你了，我有看到一篇有關您說孕婦泡溫泉的文章，我方便再了解，那懷孕 7、8 週往肚子放暖暖包，會有影響嗎？」

「蘇醫師，想請教您，懷孕 20 週，最近天氣很冷會洗熱水澡，因為本身怕冷所以熱水澡洗蠻熱的，會影響胎兒嗎？」

「醫師，那我想請教一個問題，孕婦不能泡溫泉，是因為怕感染不是因為水溫太高嗎？」

「蘇醫師您好，想請教您孕期可以用熱敷墊毯嗎？現在七週大概用了 7、8 次，敷在大腿上。昨天蓋著被子就睡著了，突然覺得肚子和腿很熱驚醒，突然很擔心…」

 蘇醫師答客問

　　每到氣溫降低的時候，或假期出旅計畫時，就有許多同學要問我泡溫泉啊、用電毯啦趴啦趴啦的相關問題，實在很多耶，族繁不及備載。

　　在三十幾年前的日本溫泉法中，確實有明文建議孕婦不宜泡溫泉，但說實話，這幾十年下來，早已不知道這些孕婦不宜泡溫泉的根據是從何而來。我相信大家也聽過很多鄉野傳說，但在科學上是沒有此項依據的，而且從最新日本政府委託專家的研究結論得知，孕婦泡溫泉

會導致流產、早產或是導致胎兒畸形的說法，並沒有相關學術論文或研究證實。加上最新的日本溫泉法於 2014 年修訂時，已經把孕婦不宜泡溫泉的禁忌拿掉了。

不要忘了一個很基本的科學事實，人是恆溫動物，我們自己是會去調節體溫，無論是對母體或是胎兒，身體都有控制溫度的能力，核心溫度不會輕易讓體溫產生劇烈的波動變化，因此只要在沒有其他的健康疑慮問題之下，基本上只要注意環境安全乾淨、空氣流通、溫度不要太高不舒服的情況下，大概在 40 度以內，一般是沒有問題的。至於有人要問 41 度或者 40.1 度可以嗎？就告訴你沒有這種醫學研究，更高的溫度請您自己斟酌。

那麼熱度的疑慮已經幫各位解決了，至於有人要問我電毯如何、暖暖包如何，麻煩請舉一反三，只要注意溫度就能享受溫暖，然後關於用電毯會不會被電到、會不會起火、會不會不安全？抱歉，用電安全不在我管轄範圍內。

孕期照 X 光

「醫生您好，我現在懷孕十週，這陣子因為右手脫臼必須照 X 光檢查，前後大約照了三次，每次都有穿鉛衣，雖然沒照到腹部，但我還是滿擔心的。請問照 X 光是否會對胎兒有影響呢？」

蘇醫師答客問

關於懷孕照 X 光這個問題，也是不斷有人在詢問，不管是脫臼、出車禍、骨折、肚子痛或是牙齒痛要照 X 光，還是小孩發燒陪小孩照 X 光等等，既然大家一直問，今天就引經據典來詳細回覆。

下面的正式回答，如果有閱讀障礙，或是覺得字太多看了頭很暈的，可以直接跳過中間文字直達結論。我知道比起聽到一大堆有的沒有的，大家更喜歡「是」或「不是」的答案，雖然這世界經常並不是如此運作，但我還是為了各位方便，提醒你結論在最後，很貼心吧。

一、輻射對於胎兒發育有什麼影響呢？

先說明，前提是必須在高劑量的輻射暴露之下才會有影響。根據研究發現，在高劑量的輻射暴露之下，最常見的問題會有生長遲滯，小頭症，以及智能缺損等方面的問題。

二、多高的輻射劑量會有影響呢？

根據目前的研究證據顯示，臨床上已證實會引起智力缺損的劑量，最低大概是 610 mGy，至於目前認為的安全劑量，大概是介於 60–310 mGy 之間。

三、我照的 X 光劑量到底有多高呢？

　　每種 X 光攝影的劑量都不太一樣，總體的來說，一般即便是多次暴露在診斷性 X 光下，不管怎麼算，累積的劑量也很難超過前面所說的 610 mGy。

　　簡言之，如果你只是照一般的 X 光，不管是牙齒痛、骨折、肚子痛、自己照、陪小孩照都一樣，劑量非常非常的低，一般診斷性的 X 光輻射劑量基本上都是遠少於 50 mGy，基本上你照個一千張大概都不會有疑慮。電腦斷層 CT 雖然劑量稍微高了一些，但還是維持在安全劑量以內，並不曾出現在有關胎兒異常或流產風險的報告過，所以目前共識認為是安全的。

過海關會不會照 X 光啊

「蘇醫師，請問出國過海關，照 X 光對寶寶會不會有危險啊？」

蘇醫師答客問

　　目前最常被使用的安檢設備有兩種：一種是 X 光射線安檢儀，確實是有低量的輻射線，不過這是針對你的行李。如果你是行李，就會接受 X 光，你不會被裝在行李中吧？可能你接下來就要問了：「可是機器就在旁邊耶？」第一，這類型的機器，根據資料，輻射量很低。第二，輻射的劑量是跟距離平方成反比，所以幾乎可以忽略不計啦。

　　而讓人員通過偵測的是另外一種：叫做金屬探測門。它的工作原理，是利用電磁感應產生磁場的變化去偵測金屬。當偵測到金屬，磁場嗶嗶響的時候，海關人員就會拿另一種手持金屬探測器來確認。那也是類似的原理，請勿擔心，也不必反應太過激烈。如果真的有輻射，海關工作人員每天都要照那麼久，他一定瘋掉。

　　電磁波不同於 X 光，目前並沒有研究認為會對胎兒有不良的影響。如果真要擔心這種電磁波，那不如擔心一下你包包的手機好了。

懷孕摸肚行不行

「蘇醫師您好！因為剛進入 21 週期，首次感覺胎動的感動與溫暖，常讓我及親友興奮不已，所以如果剛好寶寶醒來的時候，經我同意我就會讓有些沒有懷孕經驗的朋友把手輕放我肚皮感受一下這個奇妙的時刻。但問題來了，我昨天提到這件事情，陸續有長輩甚至我老公，傳文章給我關於孕婦肚子被摸了之後，寶寶容易臍帶繞頸、長胎記、早產的事情。一上網搜尋真的是嚇壞我了，好擔心這個無知的舉動會傷害了我好不容易懷上的寶寶，現在該怎麼辦好呢？」

 蘇醫師答客問

有件事我很好奇：懷孕之後身體是玻璃做的嗎？摸摸肚子不行，那摸摸頭行不行？摸摸屁屁行不行？腿很痠按摩一下小腿行不行？

其實站在科學的角度，這問題真的很難回答，但你一定心裡很疑惑 OS：最好是有這麼難回答，行不行一句話，哪來那麼多廢話？

這樣說吧，這些事情本來就都沒有標準答案，我怎麼知道你的摸跟別人的摸力道有沒有一樣？是輕輕摸還是用力揉用力捶？就以按摩來說好了，如果是輕輕按，捏一整天也不會有事，但如果去給人家那種腳底按摩搞到翻來覆去、搞到肚子不自覺用力，那你根本就是自己找死。光用按摩兩個字是無法判斷的。

至於摸肚子會臍帶繞頸、會胎位不正、會長胎記、會早產，以上都是鬼扯，每次被問到這些問題，就好想設計一個電話語音系統：您

好，詢問摸肚子請按一、摸屁股請按二、摸頭請按三；輕輕摸請按一、用力摸請按二、用槌的請按三；摸很久請按一、偶爾摸請按二……對不起，目前所有人員都忙線中，請稍後再撥。

　　其實答案很簡單的，為什麼要人家告訴你可不可以呢？如果摸了之後肚子會收縮不舒服，那就不要再做了啊；如果不會，你到底在擔心什麼啦？我很肯定的告訴你：你沒有超能力、你沒有龜派氣功、你不會隔山打牛，寶寶也不會因為這樣就長胎記或是臍帶繞頸。而且，如果你這樣摸一摸就會早產或進入產程，拜託明天就到我們產房上班，每天都有很多要催生的孕婦媽咪需要你。

　　摸肚子不等於收縮、收縮不等於早產。早產跟胎位有沒有太低、肚子會不會常常硬硬的，都沒有絕對的關係，因為早產風險跟子宮頸長度有關。

豬一般的隊友

「蘇醫師你好，想請教一個問題，我女兒大約在五個月的時候，嘴角旁邊有出現一個小小的白斑，有擦藥，但都沒有好，想請問醫師如何改善這個問題？因為我婆婆跟公公他們都認為是因為我懷孕的時候沒有忌口，才會造成這種問題……」

蘇醫師答客問

很悲哀的，我覺得台灣現在孕婦有這麼多莫名其妙、沒來由的禁忌跟壓力，來自豬一般隊友的莫須有壓力，要負上很大很大的責任。而且，我必須很沉痛地說，這真的不是個案，我已經接收到太多太多：「你孩子現在 XXX，就是因為你之前 XXX 或是沒有 XXX 造成的。」這種說法有多傷人，說話的人不知道嗎？這難道不是一種物化女性？難道孕婦只是為了孕育下一代新生命的工具？這個新生命一旦有了一些小瑕疵，就一定是這個工具做了些什麼，或是沒有做些什麼，才導致的嗎？

不管你有或沒有做什麼，1～2% 的新生兒就是會有先天性心臟病、2～3% 有聽損、20% 有過敏，因此這是一種屬於台灣社會對孕婦的集體霸凌。除了愚昧、無知、自私，還能說些什麼呢？

關於懷孕的一千種可以不可以

「醫生您好，這麼晚打擾您，是因為我目前第二胎，剛因為出血回診，我是 40 歲的高齡產婦，自從我宣告懷孕之後，每天都被提醒不能蹲下，今天出血也是被說『就叫你不要蹲你就愛蹲』、『你就是常常蹲下才會出血』……各種關於不能蹲的教訓如雪片般飛來，真的是這樣嗎？」

「蘇醫師，我上一胎生產完後，家人各種耳提面命的要我不能蹲，說蹲了子宮會下垂、身體會有問題等等各種恐嚇，反正就是叫我絕對不能蹲，請問蘇醫生可以寫一篇關於孕婦的蹲不蹲下文嗎？」

蘇醫師答客問

　　蹲不蹲也需要寫一篇文章？所以你的意思是孕婦做任何動作之前都需要寫文章來告訴你可不可以？這樣人生好痛苦啊。應該是要那些跟你說不行的人，寫文章來告訴你為什麼不行吧？總不能只出一張嘴啊。如果他說不出合理的道理，那為什麼你要相信？是那些人有義務提出證據告訴大家到底有什麼東西來佐證這些沒來由亂七八糟的說法，不然這跟喝工業酒精來治療武漢肺炎有啥不同？

　　在科學上，如果你要說這件事情是有危害的，你必須要舉證。就像在這件事情上面，我不能告訴你孕婦不可以蹲，因為沒有科學證據顯示蹲會怎樣，但我也不能告訴你蹲很好，因為也沒有證據這很好。

　　不然這樣下去沒完沒了，今天如果說蹲不可以，而蹲下這個動作必

須移動你的股骨關節、膝關節還有骨盆，那彎腰可不可以？走路可不可以？爬樓梯可不可以？接下來還有吃飯可不可以？喝湯可不可以？呼吸可不可以？

　　關於懷孕的一千種可以不可以，如果你是把它當作你打麻將的時候，堅信「一定要穿紅內褲才會贏錢」這樣的概念，那你就穿吧，一旦認真你就輸了，隨便輕易相信這些亂七八糟的說法，這樣你的人生會很累。

連住院醫師都來問孕婦照 X 光的事

「蘇醫師您好，我是家醫科住院醫師，想要請教有關懷孕婦女照 X 光的問題。

看了各個學會的 guideline 還有蘇醫師的文章，了解在研究下 diagnostic x Ray 的 ionizing radiation on fetus 是很小的，拍幾十張都不會到達 threshold 去影響寶寶生長。那為什麼醫師對於幫孕婦照 X 光的標準要這麼的嚴謹呢？非常感謝您！」

蘇醫師答客問

這篇比較特別，提問的不是孕婦，是年輕醫師。

你看看，連我們的年輕醫師都感到困惑，為何在目前的臨床指引之下，明明認為一般正常使用下的 X 光不會有風險，為什麼很多醫師還是不建議照呢？

很抱歉我必須說：「孩子，這個世界很黑暗的，很多時候不是理直氣壯就可以，事情不是你想像的這麼簡單，而且答案很簡單，就是多一事不如少一事。」

多做多錯、少做少錯、不做不錯，你不知道孕婦的心是玻璃做的嗎？如果你向孕婦建議要照 X 光，解釋了很久人家還是半信半疑，最後說：「我了解了。」然後來個回馬槍回你一句：「那我還是先不要好了」；或者你解釋後幫媽咪照了 X 光，之後換他家裡的長輩來質問你為什麼要照 X 光，然後你要再解釋一遍，最後你發現他眼角帶著不

屑的離開了；或者，你幫一位孕婦照了 X 光，過了幾個月後他家裡阿嬤來問你：「挖金孫皮膚毋賀，半眠攏耶罵罵號，甘係嘎就電公有關係？」

請問你會不會很不開心？尤其是在面對無數個質疑後，你還會有動力繼續對下一個孕婦這樣說嗎？

這，就是我們的日常。醫療教育是一條漫漫長路，江湖路風險惡，醫療不困難，人心比較複雜，身為醫師，要先確定能夠保護好自己，長遠的醫療之路才能夠繼續走下去。

孕婦為何不能看牙醫？

「蘇醫師，我想請問孕婦牙痛是不能治療的嗎？我目前懷孕24 週，在孕前就知道自己有顆蛀牙，因為怕看牙醫就拖延著，昨天牙痛去牙醫診所要治療，結果牙醫說他看我牙齒都很正常沒蛀牙，應該是牙齦痛不是牙齒痛（請問有誰會分不清牙齦跟牙齒的位置？真無言）還說我是孕婦，無法照 X 光片也不能做根管治療，因為麻醉會影響血管收縮 blablabla 的，請問懷孕真的不能做根管治療嗎？牙痛到無法入睡，要這樣忍到產後太痛苦了。」

蘇醫師答客問

看完上一篇連醫師都會問孕婦能否照 X 光的內容後，你現在知道為什麼很多牙醫師都不願意碰孕婦了吧？連我已經告訴你「需要時都可以看牙醫」了，你還是要繼續問「看牙醫會影響胎兒嗎？」如果換作我是牙醫師，我也不想看孕婦，能避就避，因為這已經不是單純看牙醫的問題了。

至於我，無法不看孕婦，因為我也只會看孕婦（笑），但牙醫師不是喔，如果我是牙醫師，或許我也會想盡辦法跟理由拒絕孕婦來治療牙齒吧（再笑），對牙醫師來說，這應該算是一種情緒勒索，或是說防衛性醫療，對了，美容院也是吧。

懷孕可以出國嗎？

其實這個問題，大概可以分成兩個層次來回答。

第一個層次，是到底可不可以坐飛機？基本上，坐飛機對孕婦是安全的。即便大家會擔心游離輻射的問題，但事實上這個游離輻射的劑量非常低，遠低於照 X 光的劑量，而懷孕照 X 光都可以照超過一千張了，那您還擔心什麼呢？

第二個層次，是出國旅遊到底安不安全？天有不測風雲，人有旦夕禍福，任何事情在任何時間點都是有可能發生的，也無法完全預測。所以如果您打算到醫療資源很落後的地方，應該要擔心萬一發生問題，在當地可否處理，這是攸關了生命安全的問題，而如果你去的是高度開發的地區或國家，你要擔心的就是口袋夠不夠深了。

想必大家都聽過，在韓國發生早產的例子吧？安全不是問題，韓國處理早產的能力絕對不會比較差，只是得多準備一點銀兩就是了。前陣子我有一個孕婦媽咪到澳洲旅遊，不幸罹患盲腸炎，結果花了 30 萬元搞定。並不是說在台灣就不會發生，只是耗費的心神與金錢等級不同罷了。

不要變成自己討厭的那種人

孕婦過年的日常之一，就是每當年節將近，華人圈不免俗的會有一年一度的大遷徙，當然孕婦也不例外，除了平常公司的阿姨會對你下指導棋之外，過年的時候更多了一些平常不容易見到面的婆婆媽媽大姨媽、大嬸婆、二舅媽，還有隔壁鄰居生過五個小孩每個都出國念博士、超有經驗的阿嬤，都要來關心指指點點一下。

「哎呦，你快要生了吧，肚子那麼大喔！」

（Ｘ，我才七個月……）

「哎呦，你肚子好低喔，要注意早產餒。」

（Ｘ，注意你的大頭啦……）

「哎呦，肚子好圓喔，一定是女的。」

（Ｘ，明明就是男的……）

「哎呦，里變加麥，歸面隆係條啊籽，一定係雜波耶。」

（Ｘ，女的啦……）

「哎呦，肚子好小，要多吃點捏。」

（Ｘ，你是知道我幾週膩……）

「哎呦，來來來多吃一點，孕婦要有營養，你這麼瘦。」

（Ｘ，我的醫師明明還特別提醒我，胖太多要節制……）

來，麻煩深深吸口氣～～微笑是最好的回答。

有關孕婦的三姑六婆視角

　　某一天在門診時，有個媽媽很哀怨的問我：「蘇醫師，我是不是懷孕醬油吃太多、咖啡喝太多，所以我寶貝才會這麼黑啊？我婆婆都這樣唸我，我好自責喔。」

　　我：「挪～鏡子在後面。」

　　媽：「為什麼要照鏡子？」

　　我：「你跟你老公都很白嗎？明明我都要用手電筒才找得到你們兩個……」

　　基因遺傳很恐怖的，白種人喝了一輩子咖啡難道會變成生黑寶寶？奈及利亞原住民難道每天狂喝牛奶就會變白？你要吃些什麼我真的沒有意見，醬油、咖啡、巧克力、珍珠粉、牛奶都一樣，只要有顏色的食物全部都中槍。

　　食物真的適量都好，但用一些很奇怪莫名的理由鼓勵孕婦多吃些什麼、或叫孕婦不要吃些什麼，這實在令人匪夷所思，這才是我想要表達的重點。

　　孕媽咪連去上個廁所，公司阿姨都會關心的提醒你：「你胎位有點低要注意喔！」到底要注意什麼啦？早產是跟子宮頸長度有關係，跟胎位高低沒關係好嗎？最好你用眼睛就可以量子宮頸長度，那我門診都讓給你看就好。

CHAPTER 4
民俗療法與科學醫療

先談一下坐月子吧

　　首先，我絕對不反對坐月子，坐月子是一種態度，好好坐月子，表示你重視這件事情，這絕對有利於產後身體的恢復，我完全支持。畢竟懷胎十月對孕媽咪的身體來說，絕對是一場很艱鉅的戰役與挑戰，如何做好災後重建，實在是太重要了，但如果走火入魔，也不是太妙。

　　譬如說不能洗澡洗頭這檔事兒，對我們這種學科學的人來說，實在是不太能夠接受。過去會有這種習俗，是因為過去的環境與生活條件沒有這麼好，怕產後媽咪身體虛易感染，但在 21 世紀的現代，用同樣標準來做準則就太超過了。

　　再說餐後不能喝水、不能吃冰這種事，你仔細想想，許多國家產後的媽咪會立刻被奉上一杯果汁和冰淇淋以資鼓勵，那些媽咪之後不是也頭好壯壯嗎？

可以釘釘子嗎

「醫師啊，昨天我老公在家裡釘釘子，胎兒會不會有問題呀？」

蘇醫師答客問

哈囉，已經 21 世紀了好嗎？請問你家釘子是會釘到肚皮裡喔？

決定要用大半頁的空白，來表達我收到這類問題眼白露出來的比例。

 中醫、民俗與科學

　　每次只要討論挑戰到許多人的傳統習俗觀念，就一定會有人拿中醫出來戰，基本上你愛怎麼想我是無法阻止你，我也沒有意圖想要改變你，畢竟那是你家的事，但你把所有真正有思想的中醫都拉下水當墊背，這我就不同意了，要聽聽現代的中醫是怎麼說的嗎？這裡面有一個概念非常好，如果哪一天發現喝酒是有幫助的，我一定會第一時間告訴大家這個好消息。

　　杜李威中醫師所寫的《中醫，民俗，與科學》一文中，就有闡述過，相關原文如下：

　　我想跟大家聊聊有關「坐月子吃雞酒」的話題。眾所皆知，傳統醫學離不開酒。中國人造字，「醫」這個字，裡面就有「酒」。那麼，我們來看看，歷代醫家在婦科方面，尤其是產後，對於酒，是如何運用的？

　　從《婦人大全良方》、《婦人規》、《傅青主女科》乃至於《醫宗金鑑婦科心法》…… 我們找幾本指標性的經典一路查閱下來，確實，許多地方記載了有關「酒」的使用，大致上不出三個範圍。

　　第一，用來炮製中藥。當歸、川芎、芍藥、黃連、菟絲子……酒洗或酒炒，以助藥性。

　　第二，拿來煎藥。好比水一盞、酒半盞，或水酒各半入藥煎。

　　第三，許多散劑或丸劑，直接以黃酒送服。

　　歷代醫家對酒的運用，大致取其「行血散寒、助行藥勢」的特性，針對好比說橫生逆產、胞衣不下、血瘀腹痛、類痙中風等等，各種急

難症候時搭配藥物使用。至於日常飲食方面，目前沒有看到任何醫家有更多的著墨。反倒是《產寶》一書，在後調護法裡提到：「盈月食豬羊肉。亦須撙節。酒雖活血。然氣性剽悍。亦不宜多。」

==

這樣看來，道理就很清楚了，你若要跟我說「產後吃麻油雞酒是老祖宗的智慧」，那麼我們就要回歸，這個「老祖宗」到底是 800 年前留下傳世經典的醫家，還是 800 年前的鄉民。

可以肯定的是，歷代醫家用酒在於醫療急難。至於麻油雞酒，乃至於日常料理加酒下去烹調，恐怕是數百年前的鄉民、三叔公、六嬸婆擴大解釋之後的產物。

如果經典裡找不到「麻油雞酒」的記載，那麼用酒來烹調食物的做法，就不在傳統中醫的範疇，而是應該歸類在「民俗文化」裡面，既然是民俗文化，那就無關醫療，而是信仰的層次。

對於信仰，你只有選擇信或是不信，沒有好或是不好的問題。憲法保障了人民信仰的自由。因此，如果你建議產後多吃麻油雞酒，甚至用酒來烹調所有的食物，我完全予以尊重。但是，信仰自由有個前提，就是不應將你個人的信仰強迫他人接受，如果你的女兒媳婦妻子不喜歡吃，就不應該強迫她們吃。

接下來，聊聊個人的經驗。在我們家族裡，不分男女，都不排斥麻油雞酒的味道，而且還挺愛哩，於是基於習俗，也在產後嘴饞地吃了幾次，總是全家大小熱熱鬧鬧地，一起感受生小孩的喜悅，然而，我必須強調科學的態度，中醫不該食古不化，而是要與時俱進。

根據最新的醫學報告顯示，孕產婦最好是滴酒不沾，以免對小孩的腦部發育造成不良影響。如果是醫療上非要用酒，那無可厚非，且

應把這個裁量權交由專業醫師來判斷。至於日常的飲食中加酒烹調，我則會奉勸能避免就避免。

所謂的科學，就是隨著文明進展不斷地一頁一頁翻新，新的發現取代舊有的認知。當然，如果日後發現，攝取酒精對於孕產婦與嬰幼兒是有好處的，那麼，我自然也是從善如流囉。

不管中西醫 現代醫學就是講求研究與證據

　　我並沒有要攻擊中醫，我有很多中醫朋友都很令人尊敬，而且我們也常常討論一些中西醫合併的治療模式，只是有些特殊族群，偏激、義和團式的言論實在讓人受不了，甚至會侵門踏戶上前挑釁，那我只好把話講清楚。

　　其實我對這些「義和團」很客氣了，之前打算跟他們戰個一萬年，但發現這些人根本講不聽，腦子就像被鏈子圈住，繞著柱子一直打轉也轉不出來，跟他們戰只是浪費生命而已。

　　再次強調不管中西醫，現代醫學的態度就是講求研究與證據，你總不能一天到晚拿著幾百年前寫的書，食古不化的在那邊大放厥詞，而且還一個字都不能改。某個古人說這個就是這樣，難道就一定是這樣？請問你會拿兩百年前馬車的操作手冊來教我怎麼開飛機嗎？

　　簡單來說，在這些能不能吃冰、能不能燙頭髮等議題上面，我再強調一次，在邏輯上它有兩個層次：

　　第一個層次，該不該多吃，或是換種講法，最好不要多吃；

　　另外一個層次，就是絕對不能吃。

　　在第一個層次中，或許大家對某種東西有不同的觀察，所以會有不同的說法。就好比說，很常被討論的「吃冰」議題，有人吃了冰腸胃會不舒服或頭痛，這些人確實就不適合，所以大家就會很好奇為什麼會如此？因此，就冒出了很多種說法。這個目的就是告訴大家要小心，不適合自己的千萬就不要碰。

　　但個案不是通則，不能武斷地告訴所有人絕對不可以這樣做，明

明就有很多人吃冰後沒任何不適啊，為何要搞得大家都神經兮兮的咧？然後慢慢地傳啊傳，就像傳話遊戲一樣，過了三個人，本意就失真了，最後演變成了「吃冰，胎兒就會氣管不好。」以訛傳訛就算了，還變本加厲地加料，非常糟糕。

到了第二個層次，如果已經證明它是有害的，那你就絕對不能碰。但這種所謂的害處，常常也是程度上的問題。而且還加上時空的背景。在過去是必然，但在現今時空轉移下，不盡然是如此。

就像坐月子一定不可以洗澡、一定不可以吹頭髮這類言論。我尊重過去的時空環境，如果把它放到第二個層次，叫人家絕對不能怎麼樣，到底是想逼死誰啦。如果真的是必須，那也就算了，但有必要做到這麼絕嗎？關於這點，我非常有意見，麻煩請不要隨便給別人醫療或生活上的建議，尤其是孕婦，你可能自以為提出這些是好心，但卻會造成別人極大的困擾。

懷孕怎麼能把手舉高？

「蘇醫師您好，前天婆婆看到我雙手舉高在把整理門簾，婆婆立刻大聲喊：『哎唷！不可以這樣！這樣會拉到小孩的臍帶，非常危險！手不可以舉那麼高！』我心想：有這麼嚴重嗎？唉，蘇醫師可以跟我說我到底做錯了什麼嗎？」

蘇醫師答客問

關於懷孕的迷思跟禁忌，我們聊過很多了，但很遺憾，事實就是並不是所有人都是可以被教化的，人生有時候是這樣子的，但不要喪氣，山不轉路轉、你不轉我轉。

你出嘴巴命令他兒子或是你的公公婆婆去整理門簾，不是很爽嗎？他兒子不掃地、不洗窗戶、不吊衣服，你完全可以打電話去告狀；你不要在婆婆面前吃冰吃辣、喝咖啡紅茶、吃仙草、薏仁、黃瓜、豆腐、芭樂、柳丁、咖哩、獅子、大象、噴火龍、卡比獸、不舉手、不蹲不跳、不洗床單很難嗎？

你不用宣布「我受不了，我要脫離英國皇室」，因為不會有人全天 24 小時緊盯著你；你每天躺在沙發上當廢人追劇，乖乖聽話豈不更好？我知道人生好難，何不妨換個策略，我們改用智取，不要硬幹，不是挺好的嗎？

房間放電視會影響受孕？

「蘇醫生您好：我的公公婆婆常為了房間裡不要放電視打電話給我們，說房間內放電視會影響受孕，請問房間放電視是否會影響受孕呢？」

蘇醫師答客問

　　我覺得這題實在是想太多了，我是很好奇到底房間放電視是會影響什麼？是擔心老公一直看電視不做功課嗎？還是擔心老公一直看電視不睡覺，體力不好？還是擔心電視有輻射線？

　　BTW 這老梗了啦，擔心輻射的話，就先把你自己現在一直滑個不停的手機通通丟掉，總不能對電視和手機差別待遇、厚此薄彼吧。

　　我覺得不是電視的問題，看起來你家長輩是想抱孫子想急了，你應該要聽懂其中的意思，叫你老公努力一點啦，好自為之，就這樣。

自然產的小孩會比剖腹產的小孩笨？

「蘇醫師您好，請問自然產的小孩會比剖腹產的小孩笨嗎？有長輩說最好要剖腹產，因為小孩的頭部受到產道擠壓會變笨，我當下聽到只是覺得離譜，可是回家越想越氣，因為如果寶寶的狀況可以的話，我打算自然產，被這位長輩一說，好像以後我小孩讀書沒有第一名都是我害的，所以想請教蘇醫師，這種說法是有根據的嗎？」

蘇醫師答客問

　　無疑這又是一起情緒勒索事件，反正主張自然產的人，就會說一些鬼話去說服別人不要剖腹產；希望你剖腹產的人，就會說另一些鬼話來說服別人不要自然產，而這些莫名其妙不知從哪裡冒出來，毫無根據的說法，實在很無聊。

　　我強調過很多次了，世界上許多事情都是一樣，如果一件事情有很多種做法跟選擇，那代表一定是各擅勝場，不會有絕對的勝敗；如果有一件事情的作法 A 比其他選項要好上許多，那麼其他選項一定會消失，這道理應該很簡單。

　　現在已經來到 21 世紀，我們的腦子應該也要更新一下，莫名其妙的情緒勒索真的很母湯，我希望大家以後當人家長輩時，不要再用這些危言聳聽的內容來嚇唬晚輩了。

子宮寒冷要吃什麼

「蘇醫生您好，我想請問如果子宮寒冷，需補充什麼食物及飲品？」

蘇醫師答客問

你們知道嗎？有一種冷叫做阿嬤覺得你會冷，那現在大家常說的子宮寒冷這種冷，又算是哪一種冷呢？姑且算是一種「群體迷思之冷」好了？

同學們，大家應該都知道人是恆溫動物，因此不只子宮是恆溫的，腸胃道也是恆溫的，所以才可以測量肛溫啊，至於吃冰是在寒什麼，我也不知道。

有人說蘇醫師你是根本搞不懂什麼叫宮寒，我是西醫為什麼我需要搞懂啊？如果我聊了這個話題，搞不好又有人跳出來說我在胡說八道，你明明是西醫懂個屁？所以我幹啥要出來淌這個混水。

我不是討厭中醫，我是討厭胡說八道的人，我會請專業的中醫來跟大家聊聊「宮寒」，之前就跟大家說過，不要給我扣上什麼西醫瞧不起中醫這種帽子，我告訴你，我向來討厭的都只是那些亂七八糟胡說八道的傢伙，不管西醫中醫都一樣。況且我們的醫療團隊中，一直有邀請專業的中醫師進團隊共同執業，誰說我瞧不起中醫？

我有很多中醫的好朋友，他們也很討厭豬隊友，但礙於是同行間也不好多說啥，好啊那壞人我來做、我來說。

如果你是專業中醫，是你自己得要跳出來說清楚，甘我何事？出來導正視聽讓大家知道這個宮寒是個什麼概念，而不是連隔壁鄰居大媽都一天到晚在那邊說你子宮冷，子宮冷要吃這個、不要吃那個。

　　這不是我的責任，這是中醫師的責任，是誰放任這些人在那邊胡說八道的？這些亂七八糟的人在那邊胡說八道的時候，你們難道不需要出來說句話嗎？哈嘍，什麼東西都要推給別人這不是正確的態度，所以我大發慈悲特別拜託一個有學問的中醫來聊聊「子宮寒」到底喜蝦毀？請見下一篇。

有一種冷…
阿嬤覺得冷！

 中醫師來談宮寒

經常會有病患問杜李威中醫診所的杜醫師：「之前看的中醫師說我子宮太寒冷，請問我該吃什麼食物或飲品？」問題不是出在該吃什麼食物，而是「子宮寒」這三個字的定義太過抽象，以至於杜醫師不知道該如何回答。

不同於「排毒理論」這種錯植在中醫身上隔空出世的歪理，「子宮寒」確實是傳統中醫的語言。雖然在歷代典籍中會看到許多「宮寒不孕」的描述，但杜醫師始終極力避免使用這種語言，也從來沒有跟病患說過他子宮寒，為什麼呢？

試想一種狀況，當財經專家上電視說：「最近的股市很冷……」，應該不會有觀眾認為：「現在是夏天，每天氣溫都在 36 度以上，股市怎麼會冷？」或是說：「股市很冷，那你等一下去號子的時候，記得多穿件外套。」顯然大家都知道，所謂股市冷是形容交易量比從前少很多的意思。相同的道理，「子宮寒」就跟我們形容買氣很冷、打入冷宮、坐冷板凳等等一樣，是指卵巢子宮的生理機能出現障礙，沒有辦法發揮正常的功能，而不是子宮溫度太低。

古人用簡略的文字來形容卵巢子宮機能不佳，有其時代背景的考量，當代的中醫師應該要吸收新知、與時俱進。舉凡月經週期不規則甚或閉經、月經量少、經色暗血塊多、月經淋漓不止經期長達十餘日、無排卵月經 (即基礎體溫沒有高溫期) 等等，傳統上雖然可以被歸類在「子宮虛寒」，但當代的中醫師既然有更豐富的知識，必須針對問題謹慎處理，而不是沿用舊時代的說法隨便打發病患。

杜李威醫師執業多年，從來不會跟病患說他們子宮寒，因這樣的語言容易讓人誤解，人類是恆溫動物，子宮虛寒絕對不是字面上所說的「子宮溫度太低」。要如何提升卵巢子宮的機能，不能直觀地認為多吃什麼、忌吃什麼，問題就可以迎刃而解。

　　傳統醫學理論有其複雜的面向，如果三言兩語沒辦法解釋清楚，中醫師寧願不做解釋，千萬避免讓民眾產生錯誤的聯想。回到問題的源頭，「子宮寒」說來是一筆糊塗帳。老中醫縱使學富五車，也無法追本溯源地向病患解釋清楚，至於另外一些人，則是搞不清楚學理也不知道該如何治療，成天教民眾吃這個吃那個，宣稱可以提升子宮溫度，那就更不需列入我們的討論範疇中了。

這些年在門診不斷被追殺的問題

對產科醫師來說，孕媽咪是一個非常多愁善感的特殊族群。

現在網路實在太發達，相信準媽媽們都做了很多功課，譬如說：早期應該會有害喜，吐得不夠多，就擔心寶寶是不是不夠健康；吐得太兇，又擔心到底是哪裡不對勁兒；孕期體重胖太多，擔心小朋友長太大不好生；吃太少又擔心孩子沒營養；胎動太少擔心胎兒不健康；胎動太頻繁又擔心胎兒是否過動。

此外生產時機也是大學問，懷孕早期就開始擔心是否會早產。但是，等一切安穩到了足月，又要開始問：「蘇醫師，我到底什麼時候要生啊？會不會生不出來？是不是要催生？」。你說說，這到底有沒有這麼難搞啊？

為了降低廣大孕婦媽咪的焦慮（說實話，我也不知有沒有效），所以我特別整理了五個大家最想問，也是最常提出的問題，在此一併回答如下：

第五名：當歸、薏仁、燕窩、珍珠粉、牛肉、豬肉、雞肉、羊肉、螃蟹、青蛙、龍蝦可以吃嗎？

解答：各位，其實答案很簡單。這些是食物，不是藥物，好嗎？請仔細想想，如果哪一種東西吃了就一定會怎麼樣，那就會被當成藥物被管制了啦。說實話，如果哪種食物吃了就會導致流產，那就不必花大錢買 RU486 了；或是哪種食物吃後，胎兒就保證會頭好壯壯，那我們就不用絞盡腦汁，花時間研究如何治療胎盤功能不良了。

所以重點在均衡，而不是去迷信某種偏方，好嗎？

第四名：我體重增加太少，小朋友會長不大不健康嗎？

解答：其實依據現今的研究，絕對沒有媽媽體重增加越多，胎兒就越健康這件事。

在這件事的思考裡面，基本上有兩個面：

第一，媽媽胖得多，小朋友就會比較大嗎？第二，胎兒比較大，就會比較健康嗎？

說實話，這些都不是正確的。

在第一個面向裡面，孕婦胖的太多，反而會增加變成糖尿病及高血壓的風險。而且如果不幸，胎兒因此養太大了，甚至更會增加難產的風險。真正的重點是，媽媽胖得多，胎兒不見得會比較大，基本上我認為，這種行為跟自殘其實沒有差多少了。

在第二個面向裡，答案其實也很簡單，新生兒的健康，只跟週數和成熟度有關，跟大小其實並沒有完全的正相關喔。

好了，如果再有孕婦同學看完這個，還是執意把自己吃得很肥，希望讓小朋友不要輸在起跑點而讓為娘的內疚，我就真的要抓狂了，不要逼我，好嗎？

第三名：我肚子會不會太低太下面啊？

解答：媽咪們常問：「我的ＸＸ告訴我，我肚子太低，要注意是不是要生了。」ＸＸ可以是媽媽、婆婆、朋友、同事、早餐店的阿姨或是等紅綠燈時旁邊的路人，請自行填空。

早產絕對是一個必須被嚴肅正視的問題，但重點是，早產的發生與否，跟肚子高低一點關係都沒有！早產的發生與否，跟肚子高低一點關係都沒有！早產的發生與否，跟肚子高低一點關係都沒有！我沒有跳針，因為實在很重要，所以一定要說三遍。

在現今的科學研究，早產的風險主要是跟子宮頸的長度、子宮的結構、感染、多胞胎妊娠等等有關，沒有任何研究提到跟肚子「看起來」低不低有關，更何況，被說肚子低的，我常常怎麼看起來卻是一點兒也不低。

基本上，這種講法的可信度，我認為就跟娛樂版寫的，去猜昆凌肚子很尖，所以肚子裡的小周周一定是男嬰這種等級差不多啦。產科醫師是個極度艱困的職業，我實在搞不懂，怎麼會有這麼多人想搶著來當產科醫師啊？

第二名：臍帶繞頸怎麼辦啊？

解答：其實這個問題也困擾我們產科醫師很久了，但事實上困擾我們的，絕對不是臍帶繞頸這件事本身有多嚴重，而是不知為何，大家對於臍帶繞頸這件事情莫名的恐懼與迷思。網路上對於臍帶繞頸過度渲染其危險性的言論，說實話已經造成我們執業上極大的困擾。因為每每在門診中，我們經常要花很多時間，去解釋這樣一個其實在產科學上非常平常的現象。

既然要探討這個問題，那就從成因來談起好了：胎兒在媽媽的子宮當中，本來就會不斷的動來動去，一般大約要到三十週之後，胎位才會固定下來，而臍帶是一條好幾十公分長，非常具有彈性的輸送管子，透過胎盤連結了子宮與胎兒，所以，在胎兒動來動去當中，統計上，本來就有幾乎超過一半以上的胎兒，會有臍帶繞頸、繞肚子、繞手繞腳的狀況，所以，這是一個正常現象，好嗎？（為了不增加篇幅，請自行說三遍，謝謝。）

那，這時媽咪們就又要問了，這樣對寶寶會有危險嗎？而我的回答通常是：「不管有沒有臍帶繞頸，寶寶風險都是一樣有的。」

當然，在科學上絕對沒有百分之百保證安全的事情，但在實務上，請您冷靜仔細思考一下，如果有一半以上的胎兒都具有這個現象，那這該是個嚴重和值得擔心的問題嗎？

接下來許您又要問：「剖腹產可以解決這個問題嗎？」很抱歉，在任何國家的醫療規範裡面，都找不到臍帶繞頸是屬於剖腹產的適應症這項，所以，答案應該也很清楚了。

為了這個問題，過去幾年我幾乎翻遍了所有找得到的可靠文獻，沒有任何研究可以說服我「臍帶繞頸是危險的」。對我來說，孕媽咪胖太多，絕對比這個危險。

所以，請停止擔心與討論臍帶繞頸的問題了，好嗎？

第一名：我的小朋友在肚子裡有規律的跳動，是不是在抽筋啊？

解答：呼～～～這個問題，終於可以很快速的回答了，是打嗝。下課。謝謝。

衷心希望廣大多愁善感孕婦媽咪們，看完之後能夠從此嘴角多一些微笑、少一些焦慮，畢竟懷孕本就該是一段奇妙幸福旅程的開始，不是嗎？

CHAPTER 5
孕產情緒勒索大全

媽媽打疫苗 母奶有抗體 可保護寶寶？

「蘇醫生您好，想詢問一下，若哺乳媽媽打了疫苗有抗體後，再餵六個月大的寶寶喝母奶，寶寶就會有抗體嗎？還有，如果把母奶也給兩歲的大寶喝，或是老公和其他敢喝母乳的家人喝，是不是有喝到的人也都會一併產生抗體？嘻嘻嘻。」

蘇醫師答客問

這題很簡單，直接回答，是沒有用的。

如果這樣有用，以後大家都不要喝牛奶，奶粉廠商直接改賣母奶豈不是更好。

如果這樣有用，所有要施打在寶寶身上的疫苗，都改打到媽媽身上，然後寶寶再喝母奶就好啦。

如果這樣有用，就請母乳媽媽打疫苗，然後再販售打過疫苗的母乳，大家就都有抗體了，何必搶疫苗。

雖然確實有證據顯示，打過疫苗的母親母乳會有抗體，但重點是目前沒有任何證據證實這對寶寶具有足夠的保護效果，我們很怕一直強調這種尚未經證實的事情，會讓媽咪們喪失戒心，誤以為只要媽媽打了疫苗，再透過哺餵母乳的過程，就可以讓你的寶寶不怕感染。

而且這樣媽媽身負重責，一人要肩負Ｎ人的防疫任務，壓力很大耶，餵母奶應該是哺乳類自然的餵哺行為，而不是為了某個目的，一直提醒媽媽餵母奶的母職，這樣走火入魔，讓媽媽精神壓力太大，真的不好。

以前攏無產檢 還不是好好的

偶爾會聽到有些老一輩的長輩在碎碎唸說：「啊你們現在做這麼多產檢係低衝瞎米啦？以前我們那個年代，瞎咪都沒有做，還不是都好好的。」感覺好像是說現在的醫師在騙錢，好啦好啦，聽到這種話我也只能笑笑。

有聽過嗎生存者偏差，或者叫做倖存者偏誤（survivorship bias）嗎？就是過度關注「經歷某事物後倖存者」，而忽略那些未倖存的對象，而造成錯誤的結論。這種生存者偏差，因為忽略了失敗的部分，所以可能導致過度樂觀的信念。

其實這不只是在產檢上通用，在很多事情上也都適用呢，反正就是能夠活下來的都覺得沒差，但統計數字就會告訴你，能夠活著是一件多麼幸運的事。

隨著醫療的進步，台灣孕產婦死亡率由 1981 年每十萬活產的 19.38 位，降至 2000 年的 7.86 位及 2004 年的 5.54 位，新生兒死亡率也同樣顯著下降。（資料來源：台灣地區 2010 年衛生指標白皮書－衛生福利部）

很遺憾的，由於疫情的關係，在地球的某個角落正上演著孕產悲歌，新聞報導尼泊爾的孕產婦因怕染疫不去醫院產檢，或受疫情封鎖交通路線而無法前往醫院產檢，造成短短一年共有 258 名在家生產的產婦死亡，是疫情前的五倍，死因多是出血過多、子宮破裂和感染等原因，實在是現代產婦的悲劇。

台灣加油，整個世界都要加油，更不要因為倖存者偏誤，讓任何一個生命暴露在可避免的風險之中。

懷孕初期沒補到葉酸怎麼辦？

「蘇醫生您好，我想詢問，昨天突然心血來潮把孕期補品的成份拿來仔細看，意外發現之前換吃的孕婦綜合維他命裡面成份不含葉酸，我一直以為孕婦綜合維他命會有葉酸，算了時間大概已經 48 天沒吃葉酸，請問醫生可以怎麼補救或是有什麼要注意的嗎？謝謝醫生，辛苦了。」

蘇醫師答客問

這題也常常有人問，而且問法非常多變呢，像是：

「蘇醫師蘇醫師，我八週了，昨天才知道懷孕，現在開始補充葉酸來得及嗎？」

「蘇醫師蘇醫師，之前我的醫師都開 5mg 的葉酸給我，但我上網一查，發現劑量太多了，我該怎麼辦？」

「蘇醫師蘇醫師，我一直都很注意蔬果的補充，我這樣體內葉酸還會不夠嗎？一定要再另外補充葉酸嗎？」

還有很多很多族繁不及備載，之前不太想特別寫葉酸，是因為被大家說到爛了，我也不需要再多說些啥，葉酸確實可以降低胎兒神經管缺損的機率，所以當然補充是好的啊，但是請注意，降低的意思是確實臨床上觀察到孕媽咪體內葉酸量足夠的胎兒，神經管缺陷的機率有所降低，但是不代表不吃就一定會胎兒神經管缺損，也不代表你吃了就一定不會有胎兒神經管缺損，這些都是機率問題，這就是一個健康管理的概念。

你總不會想寫訊息來問我說蘇醫師蘇醫師，我媽媽說買大樂透要穿紅內褲才會中，結果我忘了穿怎麼辦？就機率問題嘛。就像沒規律運動你也知道這對身體不好不是嗎？你也知道每天大魚大肉對身體不好不是嗎？怎麼辦？你告訴我怎麼辦。

　　我們都沒辦法回到過去把昨天的自己Reset，更何況我常常告誡孕婦，懷孕胖太多不好，你們都跟我呵呵笑那又怎麼辦？我常常告誡你即便你一直狂吃什麼養胎的，胎兒也不會比較大，你也不鳥我，那又怎麼辦？

　　沒補充到也要擔心這是個啥概念，人生又不能重來，如果我告訴你維生素D也很重要你又沒補到那又怎麼辦？叫你懷孕哺乳期不要喝酒，你說我已經喝了怎麼辦？

　　我能怎麼辦？就跟你說不要被別人情緒勒索了，結果你還要情緒勒索你自己。

　　同學們，日子總要繼續過下去的，往前看、不要回頭，因為

　　　　.

　　　　.

　　　　.

　　　　.

　　　　.

　　　　.

　　我在瞪你。

懷孕不要隨便移動傢俱？

> 「蘇醫師，請問懷孕期間是孕婦本人的臥房不要隨意移動東西，還是整個家裡的傢俱都不能動？我先生是外籍人士，他想要整理佈置嬰兒房，但我的家人一直說不能移動家裡的傢俱……我一直被夾在中間，好困擾啊，麻煩蘇醫師以 21 世紀進步的思維幫忙解惑，謝謝您。」

蘇醫師答客問

這應該算是來訊抱怨或是吐苦水吧，情緒勒索果然是無所不在，我已經跟大家聊過很多了，你明明知道不是這樣，但就是怕萬一真正遇到寶寶有個什麼小狀況，會受不了這些八婆的耳語跟囉唆，然後還要花時間解釋，所以只能屈服，是不是超無奈？

I know. 什麼嘛，不要隨便移動傢俱？那家裡椅子算不算傢俱？你最好都把椅子釘在地板上不准移動，跟大家分享一個智障無所不在的例子，就是有新聞報導有位媽媽帶天生患有「小耳症」的兒子去公園，雖然聽力與腦波檢查後醫生診斷都正常，但耳朵本身無法正常發育，結果竟遭一群迷信婆媽圍剿，質疑小孩有小耳症是因為媽媽在孕期碰剪刀或在房間黏東西所致，甚至還有人說：「妳是不是孕期時有拿膠水？不然耳朵怎麼會黏起來？」、「媽媽是不是孕期驚動到胎神，小孩才會生成這樣？」、「業障重害到小孩」……讓她覺得非常扯。

目前醫學上小耳症成因不明，但並不代表現代醫學無法解釋的事情，你就可以隨便胡說，說成因不明再怎樣總比你說是因為孕期拿膠

水寶寶耳朵才會黏住來得強，拎老師都有在教，知之為知之，不知為不知，是知也。你是都沒在聽膩？這樣說只會讓人家知道你的低能，真的不好啦。

遇到這種事情該怎麼辦？我也不知道，所以我就只能一直寫一直寫，請大家就一直分享一直分享，直到總有那麼一天，正常人比這些神經病多很多的時候，換這些傢伙受不了，怕胡說八道遭其他人白眼跟嘲笑而選擇閉嘴的時候，我們就贏了。

再說一次，科學並不完美，但因此就選擇不科學，你就只是鴕鳥。

情緒勒索無所不在，而且常常都是被包裝在「你聽不聽隨便你，我都是為你好。」這樣看似友善的禮物盒之中，其實說穿了，這根本就是包裹著糖衣的毒藥，這真的是這世界上最下流的事情了，沒有之一。

拒絕情緒勒索 大家一起來

「蘇醫師您好，我是米拉，是個小圖文作家，前陣子看到您有篇在罵「懷孕前三個月不能公佈不然會導致流產」這個邪魔歪道都市傳說的文，看了很有共鳴也非常生氣，請問醫師我能夠將這個故事及您的發言畫成圖文嗎？會標記出處，謝謝您一直以來的衛教，還有替被這個社會恐嚇的廣大孕婦們說話。」

蘇醫師答客問

謝謝米拉，生命是無常的，我相信許多人對於日常生活中這些莫名其妙的情緒勒索，應該都感到很沮喪，但常常無法或是沒有能力反擊只能心裡罵聲 X 或是 XXX 或是 XXXXX，拒絕情緒勒索不能單靠我一個人，大家一起來吧。

同胞要團結，團結真有力，情緒勒索無所不在，但這真的是這世界上最下流的事情，我們一起加油，拒絕情緒勒索。

如果這不是情緒勒索 什麼才叫做情緒勒索

「蘇醫師你好，我想請問懷孕可以吃冰嗎？因為很多長輩都說懷孕吃冰會對寶寶不好，生出來很容易生病！希望蘇醫師可以為我解答。」

「蘇醫生你好，想請問寶寶出生有粟粒疹和皮膚紅疹，這跟媽媽懷孕時吃的東西有關聯嗎？家人一直覺得是因為我懷孕的時候不忌口才會讓寶寶皮膚不好。」

 **蘇醫師答客問**

又來了，每次都是長輩說。不管是寶寶打噴嚏、寶寶沒頭髮、寶寶掉頭皮屑……都要怪媽媽，反正只要發生任何不好的事，第一個步驟就是先怪媽媽，這樣的邏輯是在哈囉，如果這不是情緒勒索，什麼才叫做情緒勒索？

關於可否吃冰的疑問，我從懷孕寫到坐月子，甚至包含沒懷孕的月經來都寫過，我覺得自己已經仁至義盡了，但還是不斷有人要繼續問，我的老天鵝。

認識我的人都知道，基本上我是個絕不輕易放棄跟認輸的人，但是這次我動搖了，沒關係我只動搖了一下下，還是會繼續堅持下去的，誰怕誰，你們繼續問、我就繼續寫，哼！

只是拜託各位同學發問前先搜尋，或是也可以先翻翻書再發問好嗎？謝謝你。

沒儲存臍帶血對寶寶不好啦

「蘇醫師您好，最近在偶然機會接觸到間質幹細胞儲存對未來一些後天的疾病可以做大幅改善，例如腦中風、嚴重糖尿病等。因為在您的導覽裡面搜尋間質幹細胞，發現您好像沒有提過相關資訊，所以才冒昧詢問您，謝謝。」

蘇醫師答客問

真的很多人問關於幹細胞的問題，不想公開回答這個問題主要是不想擋人財路，不過實在太多人問了，我覺得我還是有社會責任來公開跟大家談論這個問題。

如果你問我有沒有你覺得在懷孕當中最不需要花錢做的事情？「絕對是自費儲存臍帶血。」沒有之一。

肚臍印章或是胎毛筆都比這個好，因為便宜很多，而且還可能會用得到。或許有人會很驚訝為什麼我這樣說，身為一個在台灣真正非常非常少數有實務經驗，且曾經利用臍帶血幹細胞做過成功移植的產科醫師，我認為我有資格這樣說。

臍帶血確實有用途，但絕對不是自己花錢儲存這種做法，你為什麼要花錢儲存一個你自己或寶寶自己根本用不到或是沒幫助的東西？先說我完全支持公捐臍帶血庫，基本上臍帶血庫就大概等同於骨髓庫，但自己花錢儲存對你根本沒有用處。

曾和大家討論過臍帶血幹細胞，結果還是有很多同學會問我，那間質幹細胞咧有比較屬害嗎？那我們今天就來聊聊間質幹細胞。

我跟你們說，每次要聊這個主題我就覺得我今天一定是又吃了誠實豆沙包，關鍵字是「未來」，如果你要問我假設性問題，未來醫學發展甚至有可能用自己的皮膚細胞就可以逆轉這些疾病了哩。科學當然可以預期，畢竟有夢最美，但未來怎麼樣當然沒有人會知道，所以現在還沒有用，都只是在研究階段是個不爭的事實。

　　先說關於幹細胞的研究非常的多，血液幹細胞是這樣，間質幹細胞也是這樣，但我必須強調，研究一定是走在很前面，臨床運用才會跟上來，而且，大家要搞清楚，最後能夠把研究成果真正運用在臨床上的，老實說非常有限，因為這還要經過很多嚴謹的挑戰跟試煉。目前這些幹細胞的「廣泛」運用都在研究階段（研究很久嘍，不是幾年而是已經好幾十年，但一直都還在研究階段），而且你知道間質幹細胞的來源不是只有臍帶嗎？每個人的身體裡面都有，作為一個科學家，我支持必須要不斷地進行研究，才能夠有機會應用在臨床，所以我絕對支持幹細胞的醫學研究與發展。

　　但我無法認同的是，用過多華麗的辭藻給予不了解的社會大眾過高不切實際的期望，然後在用途不明的「當下」要人家花錢去做儲存，這真的很有問題，再說一次，我絕對不反對大家花錢儲存寶寶的幹細胞，前提是你必須要很清楚的了解這中間的意義，而不是被話術所欺騙，而且錢要夠多，就當作把錢丟到海裡你也不會覺得可惜，那很 OK，但是千萬別覺得好像你沒有儲存就是對不起你的寶寶，如果這樣，那也是一種情緒勒索。

戰鬥路還很長

「我媽媽一直說寶寶現在禿頭,是因為我懷孕時吃冰造成的,請問醫師,真的是這樣嗎?」

蘇醫師答客問

不少人覺得我的發言很嗆,但我為什麼要這麼嗆?大家看清楚,這就是為什麼我就是要這麼嗆的原因。

這幾年我接到太多關於這方面的求助訊息了,只要寶寶稍有一個不如自己的想像,大家就要怪媽媽,像是寶寶頭髮少怪媽媽、寶寶長不高長不胖也要怪媽媽、寶寶太胖也要怪媽媽、寶寶哭鬧也要怪媽媽、寶寶腸胃不好也要怪媽媽、寶寶過敏也要怪媽媽、考試考不好也要怪媽媽、生不出男的也要怪媽媽跟老公做愛的姿勢不對……

拜託大家不要再情緒勒索孕婦了好嗎?台灣生育率已經夠低了,這樣下去到底誰還想要生小孩。在孕產路上,我跟情緒勒索的戰鬥路還很長,我不會放棄,只能繼續來一個我打一個,是不會客氣的,沒辦法,我就嗆。

當醫師的腦子一定都正常？

「蘇醫師不好意思打擾一下，我的中醫師說因為我之前流過產，所以要特別注意不能喝冰、不能翹腳、不能盤腿、不能踮腳、不能按肩膀、不能吃辣、不能喝茶、不能吃水果、不能騎機車吧啦吧啦～太多禁止做的事，可能有些我沒記住，因為我有爬蘇醫師的文章，所以對中醫師的叮嚀有了問號，畢竟他不是路人，真的有這麼嚴重嗎？」

 蘇醫師答客問

　　我跟你說，只要通過考試，誰都可以拿到醫師執照，並不是所有可以拿到醫師執照的就一定腦子都正常，中醫是如此，西醫也沒有比較好，有些是本來就不正常，有些是後來才變得怪怪的，但不管哪一種，很遺憾的，你都無法改變他。

　　畢竟我也承認，在越專業的領域裡，人格特質具有傲慢跟固執者的程度就越嚴重，因為能夠糾正他的人越來越少，而且倖存者偏差也會讓他們覺得患者都吃我這一套，我好棒棒啊，因為他沒有發現不吃他這一套的全部都跑了，根本不會被他接觸到（你還不跑？）。

　　話說為什麼我一直很在乎跟堅持用團隊的作戰模式，就是因為我一直認為唯有靠著團隊互相砥礪跟扶持，才能夠在各自的專業上不斷精進、研究與時俱進的新知，若是專業者只是活在自己的世界裡，那長久下去只會走向滅亡。

我提過很多次，並非所有人類都是可以被教化的，而且你也必須承認即便是醫師，也不代表就都是可以被教化的啦，沒看書、不進修、停止更新知識、活在自己世界的醫師也是很多，我習慣了。

　　然後同學們也不用跟我吵所謂正常不正常的定義，因為搞不好我自己才是最不正常的，我 OK 啦，但畢竟我還算蠻珍惜大家對於賦予我這個職業的信任，時時刻刻會反省自己，要進續努力與時俱進、盡量不要讓人失望。

　　其實也不要覺得很奇怪，不只醫師，每個行業都一樣啊，不可能說只要有執照就全部都很正常啦，不然你自己回頭看看你的同行。

　　選錯總統還需要忍耐他四年或者八年，但選錯醫師不必，立刻換個醫師就可以了，與時俱進很重要。

CHAPTER 6
關於孕產，我想說的是……

先生緣主人福

「蘇醫師您好，我是位有氣喘的高齡產婦，因為對自己沒自信且極度不想吃全餐，今天鼓起勇氣跟我的產檢醫師說我想剖腹，但被諄諄教誨了一番，但我就是寧願腹部痛也不想陰道痛，也不想要產後漏尿、失禁或陰道鬆弛。明明是我的身體，我想自己選擇要痛哪個部位啊！請問我應該向原醫師堅持想剖腹還是換醫師比較好呢？已經 33 週了……醫師和孕婦意見相左有什麼不好的影響嗎？」

蘇醫師答客問

　　人相處愉快，在一起才會長久，感覺不對了是勉強不來的！婚姻是這樣，醫療也是。

　　「先生緣主人福」有沒聽過？這是句台灣俗諺，簡單來說就是「看病的時候如果跟這位醫師有緣分，彼此都能在治療的過程中得到幸福跟順利。」這沒有什麼對錯，真的看緣份。我也是會接到投訴的，很遺憾我們永遠無法滿足所有人，且說實話，基本上這就是我們醫療行業的日常。

　　我這個人是這樣子的，你投訴我們的處置或流程，我都會去思考跟接受，並且想辦法試著改變，因為沒有人是完美的，只要對醫療品質改善有幫助，我都會聆聽思考跟試著去修正。

　　但我最討厭的就是投訴「態度」，例如：某醫師態度不好、某醫師太過冷酷、某醫師言語太過戲謔不夠認真、某醫師話太少、某醫師

廢話太多等等的。

　　如果我們兩個人溝通不對盤，甚至都在吵架了，你覺得態度會好嗎？所以投訴態度真的很沒意義，都互相不爽了，病人自己的態度會有多好？我是抱持疑問的。

　　之前有一個媽咪令我印象深刻，因為流產在診間哭的唏哩嘩啦，我跟他花了大概二十分鐘解釋流產可能的原因，以及所有可以選擇的處理方式，結果他投訴說我「太過冷靜、沒帶感情不夠感性、她沒有感受到我有感同身受的同理心、沒有好好的安慰她。」哇，你要我當神父可以，但你要先說呀。

　　每個人要的不一樣，我是不是該做一張表格，以後就在診間外先發給你勾選，你是要「感性的我」、「理性的我」、「兩者都要有然後理性多一點」、「溫文儒雅的我」還是「偶爾會罵聲幹的我」，請問你以為我在賣手搖飲料嗎？

　　人跟人相處，喜歡就來不喜歡就分手，我從來不會勉強，醫療也是。先生緣主人福，我祝福你找到你的 Mr. Right，但不一定必須是我。

　　我承認在過去，我也會很介意病人對我的評價，但我現在老了，已經呈現「阿嬤，哩那耶瓏謀港覺」狀態了，我自己現在是只在乎真正值得我在乎的人。

健康資訊解讀需慎重 偽科學 OUT ！

來聊聊偽科學吧，有關網紅偏方影片「肝膽排石法」遭醫生打臉，這個新聞我完全可以理解，也支持台大小兒科醫師蒼藍鴿為什麼會跳出來，因為對我們這些學醫學的來說，最討厭的就是偽科學（pseudoscientific）。

同樣的一件事情去年美國也發生了，「Model Doutzen Kroes' gross 'liver cleanse' is 'nonsense,' doctor says.」（醫生說，杜特森・克羅斯（Doutzen Kroes）說的「肝臟淨化」是胡說八道。）聽說杜特森・克羅斯（Doutzen Kroes）是一個來自荷蘭的超級名模，也是在YouTube 的頻道上宣稱同樣的事情，然後被正牌醫師打臉。在這篇報導的第一句就是這樣寫的「More proof that influencers are full of crap.」（許多證據顯示這些具有公眾影響力的人全是在胡扯。）

就算一篇新聞報導不能證明什麼，但重點是蒼藍鴿也舉出科學期刊文章來打臉，竟然有人還可以大言不慚的說這不算科學文獻，我也是醉了，我同意 correspondence 不是標準的科學文獻，但畢竟我也是寫過兩百多篇科學文獻的人，因此我試著簡單說明一下這個狀況：基本上就是有專家看不下去有人胡說八道，所以用投稿到專業期刊的方式來說明這些都是胡說八道。

你覺得 Lancet 的 Correspondence 不能證明什麼，有本事你投投看。最重要的是，提出這個理論的傢伙根本就不算是個專業人士，應該也寫不出什麼專業論文。聽說這本書叫做「神奇的肝膽排石法 The Amazing Liver & Gallbladder Flush」，我簡單地翻譯一下我能找到關於這位作者

的資訊，如果有不足的地方再麻煩大家指正。

安德烈亞斯‧莫里茨（Andreas Moritz），他在印度學習阿育吠陀，還學習了日式康復指壓療法，重點是他除了提出肝膽排石法之外還反疫苗，說疫苗計畫是一種國家的陰謀、說愛滋病毒導致愛滋病是鬼話、吃現代工業生產食品的人是自殺、癌症不是疾病，是目前常規的癌症治療方法殺死了癌症患者。這位崇尚另類療法的大「濕」，在 2012 年 10 月，58 歲時突然間就死了。

我想要表達的是：我尊重你的無知，無知加上傲慢我也懶得理你，但如果你是一個無知傲慢的公眾人物，那就必須接受檢驗，尤其是攸關生命的健康資訊，亂說可不行。

再來聊聊關於疫苗的陰謀論。1998 年有一位英國醫師寫了一篇科學論文，說疫苗跟自閉症有關係，造成了很大的回響與恐慌，讓歐美世界對於 MMR 三合一疫苗的施打率大幅重挫，也造成了英國 21 世紀初的公衛危機與大災難。雖然結果被證實了這是造假的，他的論文被撤銷了、醫師執照也被撤銷了，但這背後的陰謀動機讓人不寒而慄，原來還是為了錢啊。

即便過了這麼久，他的謊言也一一被揭穿，但照樣還是有人信，還不斷地被加油添醋繼續寫書出來賣，謠言很可怕，輕易聽信謠言的很可悲、隨意散播謠言的很可惡。

我尊重你的信仰但也請你尊重科學

食物不是藥物，你要不要吃某樣東西，跟我一點關係也沒有，我尊重你個人的信仰，反正吃什麼或不吃什麼，腦子都不會變好，但那種整天在網路上大放厥辭，告訴別人說吃這個東西有毒、吃那個東西會流產、吃這個東西寶寶就會多一隻腳，搞得孕婦人心惶惶的行為，我就很有意見了。

說過很多次，RU486能夠用在流產，是二十世紀突破性的發明，而且被列入管制用藥，你隨便吃些其他的藥都做不到流產，更何況是食物？而且是每天日常生活中都會接觸到的食物，你會不會覺得這實在太天真了呢？

台灣的法律中，即便是胎兒異常，只要超過一定週數，連引產都有限制，若這麼簡單吃個東西就可以造成死胎，你是否覺得這樣事情太簡單了呢？不管是蜂蜜、薑、薏仁、鴨肉、杏仁、荔枝、芒果、西瓜、鳳梨、巧克力、醬油都一樣，完全沒差別。

關於科學資訊解讀

我們來談談關於科學資訊解讀的認知吧。

有篇新聞標題這樣寫，「孕婦小孩不能吃這些魚，當心重金屬甲基汞吃下肚」內容都沒問題，注意一下攝取量，我完全同意，但標題我實在無法認同耶。乾坤大挪移把「減少食用」偷偷換成「不能吃」了。

來談談新聞報導的方式吧，看到這樣的新聞，我完全同意重金屬污染的疑慮，所以食用方面一定要盡量注意。但是，把這一類有關健康的科學結論，轉化成「不能吃這些魚」，由於現在資訊氾濫，大家接收資訊都非常浮面，所以在腦袋裡面接受到的訊息就是：我不能吃這些魚，吃到這些魚，我的胎兒就一定會……

過猶不及，我們小時候應該都學過這句話吧。

再強調一次，我絕對不是反對這裡面的訊息，或說這資訊是錯的。吃多真的不好，但反過來說，用這樣的標題確實是會誤導的。「不宜多吃」絕對不能很直接的轉化成「不能吃」。這中間的意涵跟所要傳達的訊息，絕對是天差地遠的。叫你盡量少吃，絕對不是叫你不能吃，也並非吃到了就一定會怎麼樣。

在該文第一段不是就說了：「魚類富含多種對人體有益的營養素，但食藥署日前公布『魚類攝食指南』，建議嬰幼兒及孕婦減少食用大型魚類，以免重金屬『甲基汞』中毒，影響幼童的神經發育」。

有看到減少跟建議這兩個字眼吧，有說不行嗎？裡面的內文也提到：「醫師建議，1到3歲幼童，每週至少攝取70公克的魚類；4到6歲兒童，每週則應攝取105克，但避免大型魚。如欲食用，每個月以

不超過 35 克為宜。孕婦及育齡婦女，每週至少應攝取 245 到 315 公克的魚類，但也避免大型魚。如欲食用旗魚、鮪魚、油魚等，每週不宜超過 70 克；鯊魚則不超過 35 克。」

在我的解讀，絕對不是轉化成像標題這樣一句「不能吃」這麼簡單。

如果你硬要說這沒有什麼不一樣，那我也懶得再跟你討論下去。你可以有自己的認知，這是你的自由，但用這樣錯誤的結論和標題來影響到別人，這樣就很有事了。生魚片不宜多食，但絕不代表吃到了，世界就會毀滅；咖啡因攝取不宜過量，不等於攝取到了就會流產；生食不宜多吃，要避免感染，不等於吃到了就一定會感染。

本來一件很好的健康資訊，結果被搞得像世界末日般的危言聳聽，而這樣的事情，幾乎每天充斥在我們的網路訊息當中。再經過大家自以為善意的不斷轉傳跟片面解讀，新一季的網路禁忌謠言霸主候選人，又再產生一樁嘍。

科學絕不完美 但絕對比不科學來的好

　　有一種網路現象，我真的覺得很有趣，就是「引經據典」，用一些網路文章來佐證別人怎麼說。其實這個社會是這樣子的，大家愛怎麼說就可以怎麼說，我無法阻止。連有牌的都可以胡說八道，難道寫出來的一切都是對的嗎？當然，我也沒有說我一定是對的，但至少我是根據我所學過的科學文獻來說話。

　　科學絕不完美，但絕對比不科學來的好上許多許多。還記得我在醫院當實習醫師的時候，曾經有看到癌症病人在喝自己的尿，聽說叫做「尿療法」，我是很多年沒看到了啦，只是搞不好還有。或許你現在覺得很可笑，但那時候那些人喝得可認真呢，如果喝了 20 幾年，有喝出個什麼名堂來，那也應該早得諾貝爾獎了吧。

　　重點還是在判斷，至於判斷的依據，這個學問就大了。但一個最簡單的概念：「說話要有證據。」科學的態度就是實證，你可以不相信科學，你還是可以做你的義和團，但是記得，請滾回你們自己的圈子。我不在意你當義和團，但你一天到晚吆喝著要大家加入，這我就很有意見了，我還是會繼續跟你們戰鬥到底。

　　生命，應該浪費在有意義的事情上面。

跟農場文章的戰爭應該永遠無法結束

「蘇醫生您好，謝謝您的臉書專頁提供許多孕期常見的疑問解答與澄清。目前育有女寶一歲三個月，肚子中有女二寶 25 週，到目前為止產檢一切順利，羊膜穿刺檢查、高層次超音波檢查也都正常。大寶目前步入「沒有」、「不要」期，很鬧也很黏，25 週的孕期，自己已經有兩次嚴重情緒失控，一次大哭崩潰、一次大叫，曾看到相關文章說孕婦情緒失控會導致腹中胎兒發育不良、畸形甚至智力發展有問題，請問醫師這樣的訊息是正確嗎？自己也知道孕期情緒應該要保持平穩，但大寶有時真的很讓人崩潰，不能打她只能自己發洩，總覺得對不起肚子裡的二寶，再看到相關的訊息更是自責跟擔心。」

蘇醫師答客問

這題很常被問，我完全同意保持愉快心情很重要，我也建議你保持愉快心情，但絕對不是恐嚇你「如果沒有保持開心，寶寶就一定會怎樣。」這實在很無聊，為了這個煩惱懊悔擔心，然後心情更不好，這樣不是很神經病？

保持愉快心情並不是因為會對寶寶怎樣，而是「這是你自己的人生」；你，需要為了別人而活著嗎？不為別的，為自己活著不是很好嗎？

對於孕婦的情感霸凌

這類問題太多了，但其實這些問題也都很類似，不外乎：「誰誰誰說我 XXX 就會 XXX，或是不 XXX 就會 XXX；我說不贏他實在很困擾，蘇醫師我怎麼辦？」大概就是這樣的模式。

常常這都不是你自己信不信的問題，但只要你週遭的意見團體是有人相信的，萬一哪天出了什麼問題，你一定還是會擔心。

擔心的並非是否真的這樣引起的，而是萬一發生了，對那些人無法交代，還要去解釋真的很煩，壓力反而轉到你的頭上。

我有一個好夥伴，在她懷孕期間，我開玩笑的拍了一下她的肩膀，結果很不幸地檢查出胎兒染色體異常。雖然我也很懊惱，一直嚷嚷早知道就不拍了，但其實我們心裡都很明白科學不是這樣子運作，但那就是對於遺憾的一種轉化。

所以如果這些忌諱無傷大雅，這就跟賭博要穿紅內褲一樣，有激勵到你、讓你有繼續向前的勇氣，那當然沒問題，但如果這些禁忌太超過，搞得大家很煩，也實在是令人很頭痛。其實有關情感霸凌這件事情，並不是那麼容易懂，但我還是試著說明。

某件事你自己不信，但是家裡有人信，而這個人偏偏對你很重要，如果你硬是嘴硬跟他回嘴，這時候你心裡會不會還是隱隱的擔心「萬一真的發生了」，雖然你明明知道這個沒有關係、你明明就是對的，但還是會很擔心要如何去跟他解釋，壓力就莫名其妙跑到你這邊了。但這就是人生。

你問我有沒有解決辦法？我沒有。

我是醫師，你是我的病人，但重點在這件事情上病的不是你，這樣我也沒辦法治療。要嘛你乖乖的接受當個好寶寶、要嘛勇敢的選擇直接不鳥黑掉、要嘛心虛的表面說好做個乖巧的地方好媳婦，但背地裡大家看不到的時候繼續動你的剪刀、搬你的桌腳。畢竟人生可以是一種藝術，也可以是一種高明的騙術。

我想，教育是唯一的解法，但這是條漫漫長路，我也不是教育部長，我能告訴你的就是：「認真，你就輸了！」

有關孕媽咪們的煩惱

少年維特很多煩惱，孕媽咪們的煩惱多更多。

有幸跟兩位財經專業人士很嚴肅、很正經、很專業的在聊天。一個是兩個孩子的媽，一個是準媽咪。我震驚的發現，即便是身為高知識分子，只要身兼孕婦這個身份，還是逃不過這些傳統迷思各式各樣、千奇百怪的綁架。

專業人士 A ／正在懷孕的媽：「蘇醫師，我知道你說的是對的啦。但是，我先生和我家裡人還是叫我要注意這個、注意那個，這個可以、那個不行的耶，好難喔。」

我：「我知道（聳肩攤手無奈），大概要再寫個一百年唄。看看你孩子的孩子的孩子那一代，可不可以將這些老觀念跟迷思試著翻轉過來。當然前提是如果我還沒有被當作古代女巫吊起來燒掉的話。」

專業人士 B ／兩個孩子的媽：「蘇醫師，生男生女真的沒有辦法被控制嗎？什麼酸性或鹼性體質、用蘇打水沖洗、算日子、喬姿勢、清宮表……啪啦啪啦的一大堆，搞得我頭都暈了，真的有用嗎？」

我：「……」

有看到兩隻烏鴉從窗戶旁邊飛過去嗎？

醫療決策不是投票決定的喔

「您好醫生，目前懷孕初期 6 週要滿 7 週，發現子宮外底部有顆肌瘤，醫生讓我正常養胎，要定期觀察肌瘤狀況，到生產前再來討論。婆家家人向其他人打探，堅持說肌瘤過大會造成孩子腦部缺氧，或是對小孩以後健康不好，還會造成子宮底出血，要我拿掉小孩。我看了很多案例都挺順利的，請問我該怎麼辦呢？想要收集一些醫師意見，讓我的婆家人安靜。」

蘇醫師答客問

　　首先我很好奇你已經收集到多少醫師的投票呢？即使選舉時期，公投也不會有這一題喔。

　　網路確實拉近了人與人之間的距離，但有時候用在醫療上，並不見得百分百都是好事。再者，靠網路收集醫師意見來說服家人，以決定一個小生命的去留，說實話，我覺得很哀傷。

長輩圖大逆襲

　　相信大家多少都有機會接到長輩圖，我其實很好奇這個起源是怎麼來的，也一直很想做個溯源研究。

　　說真的，這也是人與人之間溝通問候的一種模式，並沒什麼不好，只是硬要寫一些用肚臍眼就知道要做的事，有時就實在是很牽強。像是「天冷了要注意不要著涼」，廢話，不然是有人故意要讓自己著涼喔？「放下心更寬」，廢話，不然一直拿著手很痠餒、「早安幸福就在轉角」，廢話，狗屎也在轉角、「相遇最美，感恩每一位有緣人」，廢話，在捷運上遇到有人拿刀砍你也是有緣？「路有人同行才會精彩」，廢話，過年一大堆人在國道上跟你同行，路上大塞車還真的很精彩。

　　這些其實跟很多懷孕的迷思和農場文很像，沒有惡意，笑笑就好，無害也無傷大雅，但有時就搞得人神經緊張兮兮的，那就很有事了。例如：「懷孕要多休息喔，不然小心早產」，搞得大家認為要躺在床上才能避免早產；「懷孕不要吃冰喔，不然小孩氣管會不好」、「孕婦要多吃點才會有營養喔」你養豬嗎？「坐月子不要洗頭洗澡喔」臭死你！「驚！！！胎動太頻繁代表胎兒缺氧，趕快把這麼重要的訊息分享出去喔」、「不要喝蝶豆花喔，不要吃薏仁喔，不然會流產，請趕快分享」。

　　以上都很有事。

有幾分證據說幾分話

「蘇醫生：想請問民間禁忌的問題，有看到懷孕期間搬動房間家俱而導致小孩的右手麻痺！真的是這樣嗎？還有搬家俱會胎位不正，本來可順產變成要剖腹產！那些古時候的懷孕禁忌到底有什麼科學可以推翻？我最近只是把塑膠兩層櫃從我床邊移到另一邊，就被我媽罵了，請問有這麼嚴重嗎？我移動是用推的，沒出什麼力搬，肚子也沒不舒服，只是前兩天要照 4D 一直照不到寶寶的臉，害我覺得是不是會有影響，目前是 29 週寶寶 1519g。」

蘇醫師答客問

　　我現在不談信仰，因為信仰是另外一個層級的問題，討論一千年也討論不完，現在要談的是習俗。

　　如果科學上要回答懷孕民間習俗這種問題，我必須大費周章去做一個研究，譬如說：統計數字告訴我們，平均 20% 的孕婦懷孕到最後會胎位不正，所以我要去找 1000 個媽咪有搬動桌子的跟 1000 個或 2000 個沒有搬動桌子的，然後用卡方檢定去比較出發生胎位不正的機會。聽起來很簡單，但這是兩個層次的問題：

　　第一，不會有人去做這個題目，因為做科學研究，命題很重要，學科學的人壓根子就不相信這個假設，所以會覺得做這樣的題目實在很荒謬，因此一定不會有人去做。更何況如果真的有人做了，投稿時人家也會覺得很無聊所以不可能刊登，而且這種有關民間傳說習俗的

命題超過上萬種，做都做不完。再接著是現實的金源問題，一般我們做研究都是跟上級老大申請研究經費，科學是需要前進的，更多更有意義的研究都做不完了，你覺得老大會批准像這樣的研究經費申請嗎？拿這種題目出去申請，你這輩子可能都不必要再申請了，因為直接被列入黑名單、謝謝再聯絡。你覺得會有人做這種研究，不是為了做學問升教授，而只是拿來讓鄉民快樂的嗎？所以不要來跟我說：「沒有研究證實不會啊！」

稍微用點腦子就知道，這個假設跟結果是不會有相關的，如果動動剪刀，小朋友的鼻子眼睛嘴巴都會缺塊、手指腳趾都會長得亂七八糟，那我們外科系的女醫師每天開刀，不就都不要生小孩了？理髮業的設計師們不就都別懷孕？那在 IKEA 上班的孕婦同胞，每天移動家具不就每個都胎位不正？光用想的就覺得很不科學，那到底是要做什麼研究去證實啦？

第二個層次，關於民間習俗的威力，是幾乎達到神的等級，絕對不是科學可以比擬的。習俗信者恆信，不信者恆不信。習俗與科學無關衝突，是本質不一樣。想要用科學研究來推翻神，還是洗洗睡比較快。

我認為習俗跟認知比較有關係，舉個例子：在某個人的認知裡，蟑螂很可怕，看到蟑螂就驚聲尖叫，以跑百米奧運比賽的速度轉身一溜煙閃人，這樣的認知行為，你覺得有辦法用科學告訴他「蟑螂並不可怕」就可以改變嗎？

關於這些民間習俗與禁忌，說簡單也很複雜，說它複雜其實也很簡單，無害，但就是很不爽。

我們一起來破除懷孕迷信吧

迷信這種事到處都有，比如稱為旺來的鳳梨，一向是醫界的拒絕往來戶。有次有個沒長眼的好朋友，送了我兩顆鳳梨，害我門診看到半夜。

而跟懷孕相關，這種從盤古開天就有的事，其迷信謠言習俗是絕對不會少的。說實話，我是認為只要大家健健康康、平平安安地完成懷孕過程，要遵照迷信我也沒啥意見。

只是，自詡身為 21 世紀有理想、有抱負的專業醫師，有時過於奇怪的迷信實在是聽不太下去。最簡單的講法，就是叫你躺在床上不要動，再加上吃黃體素吃到飽。因為如果你乖乖地躺了，結果孩子還是留不住，那，就再也不是任何人的錯了。所以叫你躺著不要動，我認為是最簡單，但也是最不用負責任的講法。

但現實中，在懷孕時出血的原因實在很多，而每種不同的原因，處理方式都不一樣。不同妊娠週期出血，要鑑別診斷的原因也都不一樣，我們要排除很多不同的原因，再對症下藥。

舉個最簡單例子：子宮頸可能會長瘜肉，長瘜肉常常就會出血，那當然就要把瘜肉拿掉出血才會好啊，不然咧？保證躺到生產完還是會一直出血。

如果是早期著床性出血，這根本就是自然現象，即便每天跳嘻哈都會自己好。反過來說，如果是胚胎發育不良，也就是我們俗稱的萎縮卵，那流產就是唯一的宿命了，吃再多藥也不會好。如果原因是子宮頸過短，也就是所謂的子宮頸閉鎖不全，此時不做子宮頸環紮手術和長期使用黃體素治療，那早產幾乎就是唯一的宿命。

所以，真的懷孕中不幸出血了，拜託請交給專業的來處理吧。

「蘇醫師你好，我懷孕五個月了，很幸運我跟先生都是很理性的人，凡事都要看到科學或醫學證據才相信，所以坊間一般傳言和禁忌在我們分析過後都直接不理。但我們身邊的人跟我們不一樣，有時候他們的無知，真的令我們很生氣，可是又不能頂撞長輩 T___T 不知道台灣有沒有這個傳言（我是香港的讀者），香港有傳言說孕婦不可以舉高手（有說不可以高過膊頭，有說連伸長都不可以……），我夫家的老人家一看到我伸手夾食物就會大叫喝止我，連我的一些朋友都這樣說……他們說人的手有一條筋連著子宮，做這些動作會拉到子宮觸發流產。我知道你一定在翻白眼，因為連我一聽到很生氣，用腦袋想一想就知道不可能，想不到連年輕人都會相信。我知道這個問題很白痴，但可以麻煩你用醫師的身份講解一下嗎？謝謝。」

蘇醫師答客問

我一直都知道關於懷孕有很多奇怪、不可思議的習俗禁忌跟流言，也一直抱持試著破除這些留言的初衷。只是不寫不知道、越寫越恐怖，自己真的很像誤入叢林的小白兔，才發現這些看不見的敵人與黑手，遠遠超過我的想像啊。

很多時候大家是被唬的一愣一愣、寧可信其有，有些時候說的人沒有惡意，只是自以為是好心天然呆那也就算了，偏偏有些時候，是農場文要衝流量、湊篇幅、胡說八道，那就很有事。

而有的時候就像這位媽咪所困擾的：「明明就覺得這是在鬼扯蛋，但為了親情和友情就是無力對抗。」這位媽咪希望我用醫師的身分正式講解一下，所以你是要我跟你家長輩宣戰嘍？我可是沒在怕的喔。

　　他們說：「人的手有一條筋連著子宮，做這些動作會拉到子宮觸發流產。」手有筋連著子宮？講這話的腦袋才少一根筋吧？如果手動一動伸一伸會觸發流產，那涉世未深、不小心懷孕的國中小妹妹就好辦了，早上起床只要做做體操就解決很多社會問題啦。然後再請那些需要催生的媽咪排排站，在產房前面做體操就好，所以不管不想生的或是要生卻生不出來的，一律就請體操教練來就可以了。

> 「我覺得禾馨醫師群都是屬於開放型的醫生，我常看蘇醫師跟林醫師的臉書，都推廣懷孕不是病，大可百無禁忌！
>
> 但其實坊間婦產科醫師大多是保守派，我換過三家產檢醫院，有的醫生交代，不准吃麻辣鍋、不能喝冰的，有的醫生產檢後說，胎位太低盡量躺床安胎，甚至告誡我一日活動量少於一小時，但不用吃安胎藥？！
>
> 隔天換一個醫院，醫師產檢卻覺得胎位無異常，但又開了兩盒得胎隆給我。真的讓孕婦無所適從到底該聽誰的？説專業，每個都是掛牌執業醫師，能不專業嗎？」

蘇醫師答客問

　　說真的，我不太同意開放型或是保守型這樣的說法，我更在乎的是實證。我不想去干涉或是批評別人怎麼想、怎麼說、怎麼做，因為我管不著也沒有權力。

　　我有一位很聰明的學長，對每個孕婦從八週開始都說子宮變形然後安胎藥開到生。每次看到他的產婦因為吃安胎藥，吃到手發抖著來到我的門診，我的心都很痛。最簡單的一點，為什麼他從來不會覺得，自己遇到需要安胎的比例遠遠高出正常值太多，還覺得自己是對的？其實我非常不以為然，但我能怎麼辦？這個世界就是這個樣子。

　　其實看久了我文章的人都知道，我真正在乎的是「Evidence

Base」，也就是實證。我從來不會堅持我是對的，科學在進步觀念也不斷在改變，只要新的研究證據告訴我，我過去的認知是錯的，我立刻改。

舉例來說，產前檢測妊娠高血壓，以及早產照護等等，這幾年的觀念及照護模式改變極為巨大。你硬要跟我說，過去都是這麼做的，照過去的準沒錯，我真的會生氣，而且打心底瞧不起你，到底有沒有在唸書啊？

我不喜歡一些以訛傳訛或是人云亦云的講法，這個世界夠混亂了，我們最不需要的，就是一些似是而非的爛說法，尤其是在與人體健康相關的醫療議題上。

關於醫病關係

「蘇醫師您好，請問懷孕可以看牙醫嗎？我上週因為蛀牙，牙醫師補洞的時候，有幫我打了麻藥，我再三跟牙醫師確認，牙醫師說小小局部沒有關係……所以我還是打了局部麻藥，想請問會對寶寶有什麼不好的影響嗎？目前大概懷孕快七個月。」

蘇醫師答客問

記得之前就有跟大家聊過，這些處置只要經過專業的認可，其實都是沒有問題的，但為什麼有時候醫師會告訴你不建議做呢？

說實話，常常醫師告訴你「不建議做」，並不盡然是他真的認為不能做，但就是怕一旦信賴感不足，多做多錯、不如不做，防衛性醫療就是這麼來的，當醫師的不是挺無奈的嗎？

我常常也會接到許多詢問：「我的醫師告訴我要吃這個、不要吃那個，但真的是這樣嗎？」、「我感冒去看耳鼻喉科醫師，結果醫師開這個藥給我，這樣可以吃嗎？」醫師都敢開了，你為什麼不敢吃呢？所以，相信你的醫師吧，不相信就不要去。良好的醫病關係就從信任開始，讓我們大家一起努力。

來自媽咪們的正向快樂回應，一直是我滿滿的前進動力。只是，有時收到另一類的訊息讓我覺得很無奈：蘇醫師你說可以吃冰，我聽懂了，但我老公跟婆婆就是不准我吃，那我該怎麼辦啊？

說實話，我還真不知該怎麼幫你，要嘛你乖乖聽話，要嘛就偷吃，沒別的選擇了。懷孕，一定是要開心的。

家人是用來互相扶持的

　　人生中最不需要的就是豬隊友。

　　有件門診給我很大的感觸：一位媽咪，很遺憾的，寶寶發生了不大不小的染色體變異。確實有小小缺憾，但又不至於影響生命。媽咪很煩惱。我委婉地告訴她：「這件事情不需要你自己承擔，我建議您找家人一起來，我們當面討論。」

　　她就帶著先生還有父母親一起來門診。很替她高興的是，她有非常理智而且明理的家人們。我不厭其煩地一再重複告訴他們可能面臨的挑戰。我最感動的是，最後，這位媽咪的公公告訴我，他會尊重也會支持他們小夫妻的決定，不會介入任何的意見。

　　我真心感動到快流淚了，真想給他一個擁抱啊。必須說，不管最後決定是如何，我要告訴這位媽咪：「你很幸福，你擁有世界上最偉大的家人與隊友。」

　　這讓我想到另外一個媽咪的案例，她透過網路很煩惱的詢問我一長串的問題。其實，重點就在於，他的小孩發生了什麼什麼事，她的公公就一直抱怨她，或者說婦產科一定沒有幫她處理好才會這樣。總之就是一味抱怨，然後問我她該怎麼辦？我只能很老實的告訴她：「很抱歉，這我真的幫不上忙。」

　　我覺得對於台灣的孕媽咪來說，最需要的就是家人的支持與理解，而最不需要的就是荒謬的非專業意見。家人是用來互相扶持，而不是互相責怪的。

關於網路問診

來談談關於藥品或是營養品的線上諮詢，我經常收到這樣的手機訊息：「蘇醫師，我現在 XXX，可不可以吃 OOO？」然後附上一張或一堆照得不清不楚的照片或藥袋。XXX 可以套入任何一種狀況或是情況，譬如懷孕中、哺乳中或是經痛中；而 OOO 可以套入任何一種藥品或是營養品。

首先，你知道現在代言要負責任的嗎？我沒有替哪項產品代言，結果萬一哪天這東西被發現有問題，你會不會覺得我很倒霉？我真的無法替特定產品背書，因此你拿不是我開立的藥品問我，我若回答就是違反醫療法規。況且，現在台灣網路上看診是不合法的喔，萬一哪天有個神經病把我的回答截圖下來去舉發我，那我可是吃不完兜著走。

那一定有人會問，如果不是藥品、而是營養品呢？你知道這類產品有上千種嗎？即便我真的看過很多，但也不可能全部看完，看到眼花撩亂也搞不清楚它是哪裡生產的？工廠的品質如何？可不可靠？即便我看過某個牌子，我也沒有能力也沒必要替它背書。不要說我小題大作，曾經有某品牌的營養品塑化劑超標搞得人心惶惶，如果你曾經拿這個問過我，而我回答你說可以吃，然後你跑來罵我說是我叫你吃的，這樣你會不會覺得我很無辜？

況且，你到底是要問我「能不能吃」還是「需不需要吃」，而且你還有沒有吃其他的東西我也都不會知道，我在都不清楚的情形下怎回答啊？曾經有一位媽咪，在我面前拿出一罐營養品說這個可不可以吃，我說可以；接下來又另一罐、又另一罐、又另一罐……結果總共從她

神奇的像是哆啦Ａ夢口袋的包包裡，掏出了大大小小總共八罐不同的營養品攤在我桌上，很多內容是重複的，每種都可以吃，但加在一起就是過量。

其實這些都是不同層次的問題，你敢這樣在背景前提都不明確的狀況之下，就在網路上發問，我還真不敢隨便回答呢。更何況，萬一哪天被有心人士把留言截圖拿去做直銷，說蘇醫師推薦、蘇醫師說很棒、蘇醫師說沒問題，那我不是跳到黃河也洗不清？不要說不可能，前陣子我莫名其妙都被人拿去盜圖背書說我賣內衣了。

說教碎念的話或許不中聽，但我不僅要說，而且還會一直說下去。一萬個路人給你醫療答案，即便答案都是一樣，也不見得是對的，更何況答案還都不一樣。受限台灣醫療法規定不得網路問診，所以我就是不能在網路上回答你。

這也是為什麼合格的醫師都不太在網路上回答個人醫療問題，不是我們小氣，而是因為這是違反醫療法的。如果真的心疼你的小孩，就不應該在網路上到處問路人或網路問診，而是帶他去看專業的專科醫師。同時，小弟現在江湖上行走早已沒想太多，只想留個好名聲給人探聽。

不能網路問診哦！

懷孕相對論

許多人都很喜歡討論或是給孕媽咪很多建議，例如：「XX 不能吃喔，吃了妳的孩子會 XX。」、「XX 要多吃喔，不然妳的孩子會 XX。」，XX 請自行填空。

拜託，沒有什麼食物是吃多了就會很好，因為它就是食物；也沒有什麼食物是吃到了就會世界末日，因為它就是食物。再者，有個觀念很重要，那就是「暴露量」，在食物或藥物都是同樣的觀念。即便藥物有安全分級，還是跟暴露的時間長短及劑量有絕對的關係。也絕對不是碰到了就直接下結論：「我完了，我小孩一定不健康，我要趕快把它拿掉這樣的意思。」

很多媽媽會擔心的照 X 光，也是相同的道理。數據統計，懷孕可以接受大約五千張胸部 X 光的照射劑量。這可不是我自己瞎掰胡說的喔，請不要罵我妖言惑眾，這可是收錄在我們產科聖經級教科書之中。

即便這個道理是根據過去很多研究文獻所歸納出來的結論，依然有人不相信，那我也不打算再跟你爭論下去。因為說實話，我認為，用塑膠袋裝熱食造成塑化劑暴露的風險，甚至遠比你擔心吃到薏仁所產生的流產風險，要來得高上太多太多。

生命是無常的

「醫師您好，最近瀏覽到某藝人試管成功公布後又胎停的新聞，果不其然文章下面又有人開始：『都是你那麼早公布啦』、『下次滿四個月再公開啊』、『為什麼不安安靜靜守護孩子就好？』讓人看了很惱火！若醫師有空，希望能發文 sent 三姑六婆的 try pay ！謝謝。」

蘇醫師答客問

　　我一直覺得，當別人遇到悲傷的事，不打擾是最重要的事情，在遇到非自願流產的時候，任何的建議都是多餘的，尤其是沒有任何建設性的建議。

　　胎兒留不住是一件悲痛的事，但你必須很清楚的認知，「這在人生任何時候都可能發生」，即便你到生產的前一天都有可能發生、即便寶寶出生之後，還是隨時有離開的可能、即便是大人也都有隨時無預期離開的風險。一定有什麼原因嗎？就算一定有原因，我們也不一定會知道。

　　生命無常，請大家尊重。

　　很多人常常會說：「你不應該這樣，不然就不會那樣了。」、「早知道你就應該怎麼做，不然就不會這樣。」哪來這麼多早知道？事後諸葛的廢話不必這麼多，我們退一萬步來說，即便你說的是對的，也都來不及了，再多說這些話是要做什麼呢？更何況基本上你說的都是錯的，都是錯的，都是錯的。這不是情緒勒索，什麼才是情緒勒索？

有人說懷孕滿三個月之前不要透露，當然這是有一定的理由，但也有人認為一定要公開，這樣其他人才能幫忙，不要讓孕婦工作太勞累。這種根本就沒有標準答案的事情，在這時候講這些是要幹嘛？

少一些打擾跟幹話，多一些打氣跟體諒，不然就在旁邊安安靜靜地不出聲很難嗎？情緒勒索無所不在，這真的是這世界上最下流的事情，我們一起加油，拒絕情緒勒索。

農場文和假新聞母湯喔

　　老實說，每天為了幫大家解釋這裡面的錯誤醫療訊息與觀念實在都快把我給煩死了，在媽咪群組裡廣為流傳的一些錯誤資訊，這裡面有很多網站都是首要戰犯，害我必須浪費我的生命跟這些爛網站戰鬥，實在是很浪費人生的一件事情。

　　我知道很多人寧願在網路上爬文嚇自己，卻對傳遞正確觀念的醫療資訊充耳不聞，使得亂七八糟危言聳聽的農場文總是有奇高的點閱率和分享次數，拜託不要再分享不正確的網路謠言了。

　　如果大家在問我這些奇怪的問題之前，可以隨時參考一下這本書的內容，了解我一直以來想要傳遞的正確概念，應該會有很大的幫助。請大家一起來做腦袋淨化運動，拒絕農場網站與不實醫療偽科學。

謝謝大家！

禾馨醫療
DIANTHUS MEDICAL GROUP

【禾馨醫療企業理念】

先進照護・專業至上・莫忘初衷・不斷創新

希臘語Dios，是希臘神話中的「邱比特」，

Anthos代表的是「花」，將兩字結合的Dianthus，

意即「邱比特之花」。

這字源很美且古老、有歷史，

與偉大母親孕育下一代真誠、潔白的形象不謀而合。

於是，禾馨承襲了Dianthus的精神，兢兢業業提醒自己更努力，

不能辜負了這個字的美麗寓意。

從產前檢查、產後護理、哺育新生，禾馨醫療致力為親愛的您與家人，

打造全方位健康照護與舒適安全的環境，

呵護生命成長的過程，本來就該如此美好、充滿喜悅。

 禾馨婦產科診所
100台北市中正區懷寧街78號
 (02)2361-2323

 小禾馨民權小兒專科診所
114台北市內湖區行忠路191號
(02)5571-3333

 小禾馨懷寧小兒專科診所
100台北市中正區重慶南路一段99號2樓
(02) 2311-0353

 禾馨眼科診所
114台北市內湖區行忠路195號1-2樓
(02)2790-3833

 禾馨新生婦幼診所
106台北市大安區新生南路三段2號
(02)2368-2333

 禾馨怡仁婦幼中心
326桃園市楊梅區楊新北路321巷30號2樓
(03)478-7733

 小禾馨兒童專科診所
106台北市大安區新生南路三段4號
(02)2369-8833

 禾馨士林產後護理之家
111台北市士林區中正路289-1號
 (02)2882-7333

 禾馨民權婦幼診所
114台北市內湖區民權東路六段42號
(02)5571-3333

 禾馨桃園婦幼診所暨產後護理之家
330桃園市桃園區經國二路36號
診所 (03)346-5333
月中 (03)346-5733

IG　　　FB 粉絲團　　　官網

國家圖書館出版品預行編目（CIP）資料

蘇怡寧醫師愛碎念 . 2, 破除孕產迷信 打擊偽科學 / 蘇怡寧
著 . -- 初版 . -- 臺北市 : 水靈文創有限公司 , 2021.08
面；　公分 . -- (自慢；3)
ISBN　978-986-06246-7-0 (平裝)

1. 懷孕 2. 分娩 3. 婦女健康 4. 文集

429.1207　　　　　　　110011777

自慢 3

蘇怡寧醫師愛碎念 ❷ 破除孕產迷信 打擊偽科學

作　　　者	蘇怡寧
總　編　輯	陳嵩壽
編　　　輯	蘇怡和
視 覺 設 計	林晁綺
插 畫 設 計	Q 小毛
行　　　銷	張毓芳
出　版　社	水靈文創有限公司
郵　　　撥	台灣企銀 松南分行（050）11012059088
地　　　址	11444 台北市內湖區內湖路一段 387 巷 3 弄 2 號 1 樓
網　　　址	www.fansapps.com.tw
電　　　話	02-27996466
傳　　　真	02-27976366
總 經 銷	聯合發行
電　　　話	02-29178022
初　　　版	2021 年 10 月
I S B N	978-986-06246-7-0
定　　　價	新臺幣 380 元